耕地地力评价与利用

范舍玲　主编

中国农业出版社

内容简介

本书是对山西省长治市郊区耕地地力调查与评价成果的集中反映，是在充分应用“3S”技术进行耕地地力调查并应用模糊数学方法进行成果评价的基础上，首次对长治市郊区耕地资源历史、现状及问题进行了分析、探讨，并应用大量调查分析数据对长治市郊区耕地地力、中低产田地力、耕地环境质量和测土配方施肥等做了深入细致的分析。揭示了长治市郊区耕地资源的本质及目前存在的问题，提出了耕地资源合理改良利用意见，为各级农业科技工作者、农业决策者制订农业发展规划，调整农业产业结构，加快绿色、无公害农产品基地建设步伐，保证粮食生产安全，科学施肥，退耕还林还草，进行节水农业、生态农业以及农业现代化、信息化建设提供了科学依据。

本书共八章。第一章：自然与农业生产概况；第二章：耕地地力调查与质量评价的内容和方法；第三章：耕地土壤属性；第四章：耕地地力评价；第五章：耕地土壤环境质量评价；第六章：中低产田类型、分布及改良利用；第七章：耕地地力评价与测土配方施肥；第八章：耕地地力调查与质量评价的应用研究。

本书适宜农业、土肥科技工作者及从事农业技术推广与农业生产管理的人员阅读。

编写人员名单

主　　编： 范舍玲

副 主 编： 王建军

参编人员： 刘晚兰　姚　蕾　张素萍　牛丽君
申志刚　赵海燕　许更燕　吴　斌
申小雪　秦俊芳

序

农业是国民经济的基础，农业发展是国计民生的大事。为适应我国农业发展的需要，确保粮食安全，增强我国农产品竞争力，促进农业结构战略性调整和优质、高产、高效、生态农业的发展，针对当前我国耕地土壤存在的突出问题，2009年在农业部的精心组织和部署下，山西省长治市郊区成为测土配方施肥补贴项目县。长治市郊区农业委员会根据《全国测土配方施肥技术规范》积极开展了测土配方施肥工作，同时认真实施了耕地地力调查与评价。在山西省土壤肥料工作站、山西农业大学资源环境学院、长治市土壤肥料工作站、长治市郊区土壤肥料工作站广大科技人员的共同努力下，2012年，长治市郊区农业委员会完成了耕地地力调查与评价工作。通过耕地地力调查与评价工作的开展，摸清了长治市郊区耕地地力状况，查清了影响当地农业生产持续发展的主要制约因素，建立了长治市郊区耕地地力评价体系，提出了长治市郊区耕地资源合理配置及耕地适宜种植、科学施肥及土壤退化修复的意见和方法，初步构建了长治市郊区耕地资源信息管理系统。这些成果为全面提高长治市郊区农业生产水平，实现耕地质量计算机动态监控管理，适时提供辖区内各个耕地基础管理单元土、水、肥、气、热状况及调节措施提供了基础数据平台和管理依据。同时，也为各级农业决策者制订农业发展规划、调整农业产业结构、加快无公害、绿色、有机食品基地建设步伐，保证粮食生产安全以及促进农业现代化建设提供了第一手资料和最直接的科学依据，也为今后大面积开展耕地地力调查与评价工作、实施耕地综合生产能力建设、发展旱作节水农业、测土配方施肥及其他农业新技术普及工作提供了技术支撑。

本书系统地介绍了耕地资源评价的方法与内容，应用大量的调查分析资料，分析研究了长治市郊区耕地资源的利用现状及问题，提出了合理利用的对策和建议。该书集理论指导性和实际应用性为一体，是一本值得推荐的实用技术读物。相信该书的出版将对长治市郊区耕地的培肥和保养、耕地资源的合理配置、农业结构调整及提高农业综合生产能力起到积极的促进作用。

王高勇

2015年3月

前言

耕地是人类获取粮食及其他农产品最重要的、不可替代的、不可再生的资源，是人类赖以生存和发展的最基本的物质基础，是农业发展必不可少的根本保障。新中国成立以后，山西省长治市郊区农业委员会先后开展了两次土壤普查。两次土壤普查工作的开展，为长治市郊区国土资源的综合利用、施肥制度改革、粮食生产安全做出了重大贡献。近年来，随着农村经济体制改革以及人口、资源、环境与经济发展矛盾的日益突出，农业种植结构、耕作制度、作物品种、产量水平以及肥料、农药使用等方面均发生了巨大变化，产生了耕地数量锐减、土壤退化污染、水土流失等诸多问题。针对这些问题，开展耕地地力评价工作是非常及时、必要和有意义的。特别是对耕地资源合理配置、农业结构调整、保证粮食生产安全、实现农业可持续发展有着非常重要的意义。

长治市郊区耕地地力评价工作，于2009年1月底开始至2012年12月结束，完成了长治市郊区5镇1乡、1个开发区、2个街道办事处、122个行政村的16.18万亩耕地的调查与评价任务。3年共采集大田土样5 500个，调查访问了100个农户的农业生产、土壤生产性能、农田施肥水平等情况；认真填写了采样地块登记表和农户调查表，完成了2 100个样品常规化验、1 000个样品中量微量元素分析化验、数据分析和收集数据的计算机录入工作；基本查清了长治市郊区耕地地力、土壤养分、土壤障碍因素状况，划定了长治市郊区农产品种植区域；建立了较为完善的、可操作性强的、科技含量高的长治市郊区耕地地力评价体系，并充分应用GIS、GPS技术初步构筑了长治市郊区耕地资源信息管理系统；提出了长治市郊区耕地保护、地力培肥、耕地适宜种植、科学施肥及土壤退化修复办法等；形成了具有生产指导意义的数字化成果图。收集资料之广泛、调查数据之系统、成果内容之全面是前所未有的。这些成果为全面提高农业生产的管理水平，实现耕地质量计算机动态监控管理，适时提供辖区内各个耕地基础管理单元土、水、肥、气、热状况及调节措施提供了基础数据平台和管理依据。同时，也为各级农业决策者制订农业发展规划，调整农业产业结构，加快无公害、绿色、有机食品基地建设步伐，保证粮食生产安全，进行耕地资源合理改良利用，科学施肥以及退耕还林还草、节水农业、生态农业、农业现代化建设提供了第一手资料和最直接的科学依据。

为了将调查与评价成果尽快应用于农业生产，在全面总结长治市郊区耕地地力评价成果的基础上，引用了大量成果应用实例和第二次土壤普查、土地详查有关资料编写了《长治市郊区耕地地力评价与利用》一书。首次比较全面系统地阐述了长治市郊区耕地资源类型、分布、地理与质量基础、利用状况、改良措施等，并将近年来农业推广工作中的大量成果资料录入其中，从而增加了本书的可读性和可操作性。

在本书的编写过程中，承蒙山西省土壤肥料工作站、山西农业大学资源环境学院、长治市土壤肥料工作站、长治市郊区农业委员会、长治市郊区土壤肥料工作站广大技术人员的热忱帮助和支持，特别是长治市郊区农业委员会、长治市郊区土壤肥料工作站的工作人员在土样采集、农户调查、土样分析化验、数据库建设等方面做了大量的工作。辛岗主任安排部署了本书的编写，由长治市郊区农业委员会土壤肥料工作站站长范舍玲同志指导并执笔完成编写工作；参与野外调查和数据处理的工作人员有范舍玲、王建军、陈建芳、申志刚、赵海燕、姚蕾、牛丽君、刘晚兰、张玉玲、罗琴英、秦俊芳、申小雪等同志。土样分析化验工作由长治市郊区土壤肥料工作站化验室完成；图形矢量化、土壤养分图、耕地地力等级图、中低产田分布图、数据库和地力评价工作由山西农业大学资源环境学院和山西省土壤肥料工作站完成；野外调查、室内数据汇总、图文资料收集等工作由长治市郊区农业委员会、长治市郊区土壤肥料工作站完成，在此一并致谢。

编　者

2015 年 3 月

目 录

第一章　自然与农业生产概况

第一节　自然与农村经济概况

一、地理位置与行政区划

长治市郊区位于山西省东南部太行山西麓，上党盆地东缘，地处北纬 36°07′20″～36°26′10″，东经 112°59′35″～113°12′10″，是典型的城乡一体“城郊区”。东与平顺县、壶关县相邻，西和屯留县、长子县接壤，南靠长治市城区及长治县，北至襄垣县、潞城市。东西长 60 千米，南北宽 60 千米，国土总面积为 284.77 平方千米。全区最高海拔为 1 378 米，最低海拔为 900 米，一般海拔为 900～930 米。

长治市郊区共辖 6 个乡（镇）、1 个开发区、2 个街道办事处，122 个行政村，2010 年年底农户 45 927 户。全区总人口约 28.44 万人，其中农业人口约 16.29 万人，占总人口的 57.36%。长治市郊区行政区划与人口情况见表 1-1。

表 1-1　长治市郊区行政区划与人口情况

乡（镇）	总人口（人）	农业人口（人）	自然村（个）
老顶山镇	37 623	31 598	27
堠北庄镇	40 180	38 448	23
大辛庄镇	25 602	22 403	17
马厂镇	33 911	30 329	22
黄碾镇	33 543	29 370	18
西白兔乡	9 803	8 577	7
老顶山开发区	2 151	2 151	8
故县街道办事处	68 782	0	0
长北街道办事处	32 816	0	0
总计	284 411	162 876	122

二、土地资源概况

根据 2010 年统计资料显示，长治市郊区国土总面积为 284.77 平方千米（折合 42.715 5 万亩*）。其中，平川区为 203.37 平方千米，占总面积的 71.42%；丘陵区为

* 亩为非法定计量单位，1 亩＝1/15 公顷。

30.60平方千米，占总面积的10.75%；山区为50.80平方千米，占总面积的17.83%。

长治市郊区地势由东南向倾斜，东南部为太行山西测，呈现东北走向之老顶山镇、老顶山开发区及北部西白兔乡，沿太行山山地与盆地之间。条带分布的黄土斜坡地、地面起伏较大、冲积沟发育。中部除有东北走向条带状分布的大岗、二岗山外，大部分为盆地，盆地面积占全区面积的70%以上。浊漳河可以东北走向流经西部，在堠北庄镇、大辛庄镇、马厂镇汇入漳泽水库。海拔最高处是老顶山立峰为1 328米，最低处是西部漳河两岸低洼处为900米。

长治市郊区土壤分褐土、潮土和粗骨土三大土类，6个亚类，11个土属，11个土种。三大土类中以褐土为主，面积占总耕地面积的86.34%；其次为潮土，面积占总耕地面积的11.21%。在各类土壤中，宜农土壤比重大，适种性广，有利于农、林、牧业全面发展。

三、自然气候与水文地质

（一）气候

长治市郊区属于暖温带大陆性季风气候，四季分明，冬长夏短，春略长于秋。气候温和，雨热同季，春季干旱多风，夏季炎热多雨，秋季天高气爽，冬季寒冷少雪。

1. 气温 长治市郊区年平均气温9.1℃，1月最冷，平均气温－6.8℃，极端最低气温－29.3℃（1958年1月16日）；7月最热，平均气温为22.8℃，极端最高气温为37.6℃（1966年7月5日）。一般3月气温开始上升，10月后气温开始下降。稳定通过10℃的初日为4月19日，终日为10月11日，共175天，初终有效积温3 206.6℃。

2. 无霜期 无霜期平均为156天，初霜期多在10月中上旬出现，终霜期在翌年4月下旬或5月上中旬结束。

3. 地温 月平均地面温度比气温高1.9℃，年内变化和气温基本一致，但日差较大。土壤0～20厘米年平均土温11.05℃，高于年平均气温2.04℃，通常在12月上旬开始结冻至翌年3月上旬解冻，全年封冻日数105天左右；一般冻土层深度30厘米，极端冻土深度75厘米。

4. 日照及刮风 年平均日照时数为2 593.6小时，阴雨天数年平均100.9天，最多110天，最少74天。全年有日照天数一般在266天以上，占全年总天数的73.4%。一年内日照时数以4～6月最多，晴天每天可照11～13小时。

全年风向以东南和西北风出现频率较高，大风出现最多的年是1968年，共出现21天，最少年为1975年，共出现4天，风每年都有，平均每年出现106天。年平均风速2.7米/秒，以4月和5月最大，平均3.1米/秒；9月和11月最小，平均2.01米/秒；极端最大风速15米/秒。

5. 降水量 长治市郊区一般降水量550～650毫米，1954—1980年27年平均年降水618.9毫米。全区以7月降水量最多，为167.7毫米；12月和1月最少，只有1～2毫米。降水的季节变化，以夏季最多，平均达390.2毫米，占全年降水量的63.1%；冬季最少，只有16.9毫米。每年大雨和暴雨平均15.5次，最多24次，多出现6月、7月、8月这3

个月。

6. 蒸发量　年蒸发量大于降水量这是本地区的主要特点，从 1954—1979 年 26 年气象资料来看，年蒸发量平均为 1 558.8 毫米，是降水量的 2.6 倍；月蒸发量也显著的变化，春季（3 月、4 月、5 月）占年蒸发量的 35%，夏季（6 月、7 月、8 月）占年蒸发量的 38.7%，秋季（9 月、10 月、11 月）占年蒸发量 18%，冬季（12 月至翌年）占年蒸发量的 8.3%。在月、季变化中 5 月、6 月的蒸发量达 499.4 毫米，占年蒸发量的 32%；而 5 月、6 月的降水量为 119 毫米，占年降水量的 19.5%。因此，在春季利用地下水灌溉做好耙耢保墒工作是保证播种、出苗的关键时期。

（二）成土母质

长治市郊区成土母质主要有以下几种：

1. 残积—坡积母质　分布在海拔 1 000 米以上的石质地区，由砂页岩和石灰尘岩经过风化以后残积和坡积的方式留在山上或搬运到山坡的中、下部一带。

残积物的特点是：在原地残留未经搬运，具有角质碎块和砾石，未经分选，层理不明显，沉积物较薄，土壤发育很微弱，基本上是基岩的半风化碎屑，保留了原来基岩的特性。郊区北部小寒山一带就是砂页岩的残积物。

坡积质是山上的残积物经水力或重力作用搬运到山坡的中、下部而沉积，属短距离移动。其特点是含石砾无分选，无层理一般在山坡的下部，堆积层较厚，物质细，承受上面流下来的养分，水分较多，有一定肥力。

2. 黄土母质　黄土母质分布在二级阶地以上的各地形部位，属第四纪风积沉积物，包括黄土、黄土状和红黄土。

（1）黄土：主要是第四系上更新统（Q_3）地层的马兰黄土。分布在两区广阔地区。呈淡灰尘带黄色，土体深厚，质地均匀，疏松较绵，柱状节里发育，碳酸钙含量高，呈微碱反应，适合种植各种作物。

（2）黄土状：是第四季黄土搬运再沉积而形成的次生黄土，有冲积、洪积、坡积 3 种类型。特点是土层深厚，土质较均匀，富含碳酸钙，结构疏松多孔，水平层理不明显，颜色为灰黄色和棕黄。此土主要分布在丘陵与平川接处的洪积扇和平川地。

（3）红黄土：包括离石黄土的红支层和第三纪保德红黏土层。主要分布在两区丘陵区的局部地段及平原区陡坎处，包括老顶山、壶口、故漳、西白兔、马厂等地区。红黄土呈棕黄色或红黄色，有红色条带，土质较坚实，有料姜和姜石层，石灰反应较弱，粉沙含量与黄土相当，而黏粒含量则较多，超过 20%，属中壤到重壤土。

3. 冲积母质　冲积母质由于河流长期搬运在河流两岸形成的沉积物，分布在漳河的河漫滩及一级阶地。其特点是：

（1）由于河水的沉积作用，因而具有成层性呈带状分布规律。

（2）沉积物分选性强，出现了上游沙，下流黏，从河床起由近及远呈沙、壤、黏带状递变。

（3）由于河流的季节变化、年变化，所沉积物质不同，即“紧出沙、慢出淤，不紧不合出二合”，故形成土体中沙黏交替出现，水平层次明显。

（4）漳河两岸的总和物属第四纪黄土，沉积物颜色较黄；含矿物质种类多，成分复杂，是农业上较好的土壤。

4. 洪积母质 洪积母质分布在长治市郊区的山谷出口处和山间谷地的倾斜平原上。包括老顶山、关村一带东部及西白兔乡、黄碾镇的故漳、老顶山镇壶口的洪积区。是由于洪水挟带的砾石、泥沙堆积而成，称为洪积物。其特点是在峪沟出口处所沉积的物质较粗、分选性有效期，层理发育不好，砾石泥沙混杂。由峪沟处向四处地势变缓、水流由集中变分散，所携带的物质慢慢沉积下来形成洪积扇。在洪积扇边缘沉积的物质较细，多为细沙和沙粒较多的黄土状物质，层次较明显，但仍含有沙砾，土体下部往往在砾石层，漏水、漏肥。

5. 红土母质 主要有静乐红土、保德红土。颜色紫红、深红或暗红，成碎块或颗粒状结构，黏性强，无石灰反应，有大量的铁锰胶膜和结核，呈微酸性反应，多处于侵蚀比较严重的地方；上部黄土，红黄土被冲走，红黏土被裸露地表，被耕种以后形成红黏土质褐土性土。

6. 老黄土（也就是红黄土） 包括离石黄土和午城黄土。有石灰结核层出现，一般为红棕或红黄色，质地较黏。石灰反映较强，大都出现在丘陵沟壑裸露地带，通常出现在第三纪红土之上、新黄土之下，厚度为 1～2 米。

7. 新黄土（马兰黄土） 广泛分布于三级阶地以上的坡地、梯田和丘陵、半山区，颜色浅黄或棕黄，质地疏松，有明显的垂直节理，成柱状，水流可以形成洞穴，土层深厚，质地均匀，多为轻壤至中壤。碳酸钙含量高，石灰反应强。

8. 近代河流冲积淤积物 主要分布在绛河和其他河流的一级阶地和河漫滩上，土体层次分明，沙黏相间。

（三）水资源

长治市郊区水资源较丰富，常年平均总量为 1.928 亿万立方米。地表水资源为 1.2 亿万立方米，其中 5 条长河流和 20 条小溪的泉水流量为 7 200 万立方米，洪水流量为 4 800 万立方米。地下水源，据普查统计约为 7 280 万立方米，可开发利用 4 400 万立方米，现已开发利用 1 200 万立方米。

长治市郊区常年流水河有 5 条：浊漳河、石子河、岚河、黑水河和故县小河，以及漳泽水库。

1. 地表水

（1）浊漳河：浊漳河属海河水系，分南、北、西三大水源，汇合于襄垣县境内，由平顺县出境入河南。南发源于长子县西南的发鸿山（又称黑虎山），流经上党盆地，从堠北庄镇下秦入境，途经堠北庄镇、大辛庄镇、马长镇流入漳泽水库，后经黄碾镇入潞城市。境内主河道长约 30.5 千米，多年平均流速 5.79 立方米/秒，年平均流量 2.64 亿立方米，河床比降 1/1 000～1/500。

（2）石子河：石子河系洪水河，属浊漳河南源支流，境内主河道长约 12.5 千米。近年河道干涸。

（3）岚河：发源于屯留县西南部的毛孩岭。途经长子县在堠北庄镇的店上入境与浊漳河汇合，主河道长约 25 千米。

（4）黑水河：黑水河源于长治市工业及居民生活废水。河道流量比较稳定，年平均流量为 0.78 亿立方米，主河道长约 29.4 千米。

（5）故县小河：发源于屯留县，从屯留县北岗乡流经长治市郊区故县村。多年水源不断，在故漳乡汇入漳河。

（6）漳泽水库：漳泽水库库区面积 27.5 平方千米，是浊漳河、岚河、陶清河汇合的中心，控制流域面积 3 330 平方千米。可蓄水 2.06 亿立方米，现蓄水 1.9 亿立方米。设计灌溉面积 20 万亩，日供工业用水 10 万吨。

2. 地下水　根据水文地质参数，长治市郊区地下水可分为 5 个区域。

（1）基岩中低山构造剥蚀区：主要分布在双桥庄、山门、中山头以东和二岗山。岩性为石灰岩，地下水位埋深 250～300 米，单位涌水量 0.017～11.53 升/（秒·米）。

（2）黄土中低山剥蚀构造基岩区：主要分布在西白兔一带。属石灰二叠系裂隙及层间岩溶裂隙含水岩组（因采煤已将含水层破坏）。地下水位埋深 30～80 米，单位涌水量 0.001 7～11.53 升/（秒·米）。

（3）边山黄土及斜坡地区：主要分布在南垂、关村以东及壶口、西长井一带和王庄、东旺、安居、中村、南村、西白兔，属第四纪中更新统孔隙裂隙含水岩组。地下水位埋深 15～40 米，单位涌水量 0.033～0.94 升/（秒·米）。王庄、东旺、安居一带，地下水埋深1～5 米，单位涌水量 2～4 升/（秒·米）；中村、南村一带，地下水位埋深 1～4 米，单位涌水量 2～4 升/（秒·米）；西白兔村以东，地下水位埋深 1～4 米，单位涌水量 1～2 升/（秒·米）。

（4）松散堆积二级阶地区：主要分布在安昌、故释村以南，二岗山以北和二岗山以南。安昌、故释村以南，二岗山以北一带，地下水埋深 1～3 米，单位涌水量 4～12 升/（秒·米）；二岗山以南至区境南界，地下水埋深 3～10 米，单位涌水量 1～5 升/（秒·米）。

（5）松散堆积物河谷一阶地区：主要分布在漳泽水库大坝以北至东旺、黄碾和南津良至漳泽水库一带。地下水位埋深 1～4 米，单位涌水量 1～5 升/（秒·米）。

地下水的化学类型在长治市郊区具有一定的水平分带性。即：从盆地边缘向中心矿化度逐渐增高，使基岩中低山区，山前倾斜平源，漳河一级、二级阶地地下水形成，严格受地貌形态控制。全区地下水化学类型的基本情况：山区为 $Ca(HCO_3)_2$、$CaSO_4$ 型；山前倾斜平原区为溶滤型的 $Ca(HCO_3)_2$ 型或 $CaSO_4$ 型；二级阶地径流条件减弱。伴随浓缩作用的加强地下水属 $Ca(HCO_3)_2$、$CaSO_4$ 型；个别山区变为 $CaSO_4$ 型。一级阶地接受二级阶地的补给，径流条件好。矿化度小于 0.5～1 克/升。北部和南部均为 $Ca(HCO_3)_2$、$CaSO_4$ 型。

长治市郊区地下水状况：从地貌形态上看富水性相差很大，水质类型不同。按地下水成因结合地貌形态可分为 5 个区域：一是山区岩溶裂隙水区；二是丘陵黄土孔隙水和下伏基岩裂隙水区；三是山前倾斜平原黄土孔裂隙水区；四是黄土台状地隙水和下伏湖积孔隙水区；五是河流一级阶地和下伏湖积层孔隙水区。

（四）自然植被

按全国植被类型分类，长治市郊区属森林草灌类型，现由于大部分被开垦为农田，天然植被残留很少，只有少部分自然植被和次生林残留在田间路旁、山沟渠旁。

1. 山区　本区植被为草灌、针阔叶混合群落。由于所处地势较高，气候凉爽，降水较多。自然植被覆盖较好，且种类繁多。主要生长着茂密的森林，林下混生着草灌植被，一般覆盖率阴坡达70%～90%，阳坡达40%～50%。在土体中有一定的淋溶作用和不同深度的腐殖质层，养分含量高，碳酸钙移动较为明显。该区主要生长有人工栽培的油松、侧柏、杨树和自然草灌植被，如刺槐、白草、柴胡、胡枝子、醋柳、黄刺玫、蒿类、苔藓等。

2. 丘陵区 本区多为农田所占用，自然植被仅残留于农田沟坡及边缘。主要植被有酸枣、蒺藜、青杞、地黄、地梢瓜、太阳花、角蒿、远志、紫云英、小车前、黄花、艾蒿、花苜蓿、紫花苜蓿、茜草、田旋花、胡枝子、鸦葱、白茅等，有些地方由于植被覆盖率低，水土流失较为严重，养分贫乏，故熟化程度较差，土体无明显的特征。人工修造的梯田多种植玉米、谷子等作物。

3. 平川区 本区由于地势平坦，水源丰富，是较好的耕作土壤。土壤肥沃，适种作物广，残留的自然植被仅见于河畔、渠旁、路边。主要有青蒿、芦苇、灰菜、稗草、马齿苋、狗尾草、田旋花等草本植物，此外在田间路旁主要分布着杨、柳、槐、榆等树种及农田杂草。这些地方是粮食产区，主要种植小麦、玉米、谷子等作物。

4. 植物群落

（1）木本植物群落：木本植物群落以木本乔灌植物为主和林下草本植物及真菌，放线菌、嫌气性细菌组合而成。由于多年枯枝落叶的积累、腐殖质增多。在木本植物群落下发育的土壤，pH为7.5，呈中性反应。长治市郊区木本植物群落，主要分布在西部和西南部的山区，丘陵区也有一少部分。木本植物又分两类，针叶林和阔叶林。全区现有针叶林53 203亩，占木本植物的36.2%。主要分布在西流寨和八泉的盘秀山一带，东坡上莲的老顶山也有少量分布。树种主要有油松和少量侧柏。针叶林地带雨量较多，淋溶较强，向淋溶褐土过渡。全区有阔叶林约12万亩，占木本植物的62.8%，主要分在在西部山区和丘陵区，平川区村庄道路两旁，呈点片和方田林网分布。树种有杨、柳、榆、槐、椿，近年新引进的树种有杨树和刺槐、泡桐树、干果等树种。其中杨树、刺槐占绝对优势，时间较长的阔叶林带也有较明显的淋溶现象。

（2）草灌植物群落：草灌植物群落由草灌植物和好气性细菌组合而成，主要分布在中部低山和丘陵地区。现有自然草灌植被79 293亩，占总土地面积的18.56%。其中，灌木植被20 910亩，占草灌植物群落的26.37%；草灌混合植被26 417亩，占草灌植物群落的33.32%；草本植被31 966亩，占草灌植物群落的40.31%。灌木植被分布在中西部丘陵低山上，主要生长醋柳、紫弹树、连翘等灌木类植物，有的地方也兼有稀疏的山杏、山桃、山丁子、杜梨、桦树等乔木，在这种植被条件下主要发育为山地褐土。草灌植物混交地带，主要生长白草、铁秆蒿、行条、黄芩、柴胡、黄刺玫、醋柳、酸枣等植物。草坡分布在海拔900～1 000米的地方，主要生长有酸枣、插灯花、野葡萄、野豌豆、黄芩、柴胡、远志、白草、杨条梢、山苜蓿、蒿草、白头翁、刺苋等。在草灌植被区分布着山地褐土和褐土性土，草坡地带均为褐土性土。特点是土体干旱，发育弱，好气性微生物活动强烈，有机质分解充分，养分含量低，是全区耕种土壤主要分布地带之一。

（3）草甸植物群落：草甸植物群落主要生长着芦苇、梧柳、野生河草、青蒿、披碱草、碱蓬、狗舌草、艾蒿、车前子、野菊花、马齿苋等耐湿植物，土体湿润，地下水位浅，进行着草甸化成土过程。有独特的锈纹锈斑。主要是草甸土，一般肥力较高。

四、农村经济概况

2010 年，长治市郊区农村经济总收入为 36 992.5 万元。其中，农业收入为 20 564.8 万元，占 55.59%；林业收入为 743.9 万元，占 2.01%；畜牧业收入为 14 122.8 万元，占 38.18%；渔业收入 193 万元，占 0.52%；农、林、牧、渔、服务业收入 1 368 万元，占 3.70%。农民人均纯收入为 7 820 元。

第二节　农业生产概况

长治市郊区属暖温带大陆性季风气候，气候温和，地下水浅，光、热、水、肥资源都较充足，土壤肥力适中，各种农作物栽培历史久远。传统粮食作物有玉米、谷子、小麦、高粱、大豆、糜黍、薯类及小杂粮；经济作物有油菜、麻类、瓜果和传统的党参等药材。玉米、谷子、小麦种植为“三三制”。玉米、谷子、高粱、大豆是秋粮作物，小麦则是夏粮作物。小杂粮大都是复播作物，即夏收后播种，秋季收获。

一、农业发展历史

1960—1970 年，长治市郊区未成立时，农业生产主要是单一的粮食生产。农村年人均口粮 150 千克左右。

从 1982 年开始，长治市郊区农村实行家庭承包经营。在“绝不放松粮食生产，积极发展多种经营”方针指引下，根据“城郊型”农村实际，积极发展农村商品经济，农业出现转机，粮食产量增加，农村经济收入逐年提高。1985 年、1989 年两年粮食均突破 5 万吨，1990 年后保持在 5 万～6 万吨。

20 世纪 90 年代，在堠北庄镇，坡栗、神下等村，进行立体种植示范，取得经验后，政府及时做出调整农业结构，农业以高效优质高产“两高一优”农业为前提，围绕市场经济，实行“三五”工程，18 万亩耕地逐步建成 5 万亩高效农田、5 万亩高效菜田、5 万亩优质经济林、3 万亩优质杂粮田。西部滩地发展养殖，中部地区及市区周围发展蔬菜，东部山地发展干鲜果品。依靠科学种植，保证粮食产量及瓜果菜等经济作物效益增加。1995 年，长治市郊区粮田面积 150 951 亩，粮食总产 64 692 吨；蔬菜 30 862 亩，产量 169 641 吨；果园 7 125 亩，产果 1 536 吨。

进入 21 世纪，中央提出解决好“三农”问题，长治市郊区区委、区政府及时调整农业战略，使全区农业生产有了大幅度的发展。随着农业机械化水平提高，农田水利设施的完善，由高产优质型向优质高效型转变，农业生产以提高经济效益为中心，开展围绕城市，多种类，全方位开发新、特、优产品，满足城市需求，提高农民经济收入。2010 年，长治市郊区农业总产值达 36 992.5 万元，比 1995 年增长 192.7%，农民人均纯收入 7 820 元，比 1995 年增长 415.2%。农业税费的减免、种粮补贴政策等国家出台的利好政策大幅度减轻了农民负担，使全区农业走在全省前列。

长治市郊区耕地面积 1976 年 196 846 亩，1980 年 186 317 亩，1985 年 181 816 亩，1990 年 181 992 亩，2000 年 173 860.5 亩，耕地逐年减少，主要是企业占地和农民建房。全区每年种粮面积保持在 15 万亩以上。在 2000 年耕地面积中，水田 273 亩，旱地 173 587.5亩；2008 年耕地面积 162 000 亩，农民人均耕地 1.12 亩。

长治市郊区 1976 年有男（女）全（半）劳动力 45 956 个，1980 年有 48 019 个，1985 年有 53 670 个，1990 年有 59 674 个；1995 年全区农业人口 153 902 人，劳动力 62 720个；2007 年全区农业人口 154 314 人，劳动力 68 228 人。其中，工业劳动力 19 112 个，建筑业劳动力 3 560 个，交通运输劳力 7 509 个，商业饮食业劳动力 6 857 个，农、林、牧、渔业劳动力 23 817 个，其他劳动力 7 373 个。

二、农业发展现状与问题

1. 用养失调 长治市郊区在土地利用上只注重用地而忽视养地，致使用养关系失调。具体表现在没有一个适应现代农业生产条件的最佳轮作倒茬制，重视粮食作物，忽视养地作物，甚至出现连作不倒茬的现象，加剧了地力消耗。加上施肥水平低，秸秆还田少，使土壤中营养物质出多于补充，地力下降。

2. 农林牧三者之间关系失调 长治市郊区农业用地比例较大，广种薄收；林牧业占地比例小，加之管理不善，致使水土流失严重，限制了土壤生产潜力的发挥。据世界许多农业先进国家经验证明：林木覆盖率达 30%以上且分布合理才能有效地调节气候，维持生态平衡，保证农业丰产。而长治市郊区林牧业的比例远没有起到以牧促农、林茂粮丰的作用。

3. 农业生产基础条件差 从耕地构成情况看，水地、平地为数很少，农田基本建设跟不上，土地干旱缺水，地力瘠薄，人们靠天吃饭，未能掌握住农业生产的主动权，保证不了农业持续增产。

4. 耕作措施差，管理粗放 传统农业广种薄收，耕种粗放。特别是近几年来盲目开荒，人均占有耕地不断增加，管理跟不上，形成恶性循环，土地越种越多，越种越差，单位面积产量可以说是越来越低。

第三节 耕地利用与保养管理

一、主要耕作方式及影响

长治市郊区的农田耕作方式有一年两作和一年一作两种方式，前茬作物收获后，秸秆还田旋耕，旋耕深度一般为 20～25 厘米。优点是两茬作物（玉米、小麦）秸秆还田，有效地提高了土壤有机质含量；缺点是土地不能深耕，降低了活土层。一年一作是玉米、薯类。前茬作物收获后，在冬前进行深耕，以便接纳雨雪、晒垡。深度一般可达 25 厘米以上，有利于打破犁底层，加厚活土层，同时还利于翻压杂草。

二、耕地利用现状、生产管理及效益分析

长治市郊区种植作物主要有冬小麦、春玉米、小杂粮等，兼种一些经济作物。耕作制度有一年一作、一年两作。灌溉水源有浅井、深井、河水、水库；灌溉方式为河水大多采取大水漫灌，井水一般采用畦灌。一般年份，河两岸每季作物浇水 2～3 次，平均费用 20 元左右/（亩・次）；其他地区每季作物浇水 1～2 次，平均费用 60～80 元/（亩・次）。生产管理上机械水平较高，但随着油价上涨，费用也在不断提高。一年一作亩投入 80 元左右，一年两作亩投入 120 元左右。

据 2010 年统计部门资料，长治市郊区农作物总播种面积 14.315 6 万亩，粮食播种面积为 13.203 6 万亩。总产量为 56 021 吨，亩产 424 千克。其中，小麦种植面积为 1 235 亩，总产 442 吨，亩产量 358 千克；玉米种植面积 12.594 8 万亩，总产 53 910 吨，亩产 428 千克；大豆种植面积 883 亩，总产 155 吨，亩产 176 千克；薯类种植面积（折粮）942 亩，总产 391 吨，亩产（折粮）415 千克；谷子种植面积 2 279 亩，总产量 1 072 吨，亩产 386 千克；蔬菜种植面积 11 098 亩，总产 52 459 吨，亩产 4 727 千克。

效益分析：高水肥地小麦平均亩产 400 千克，每千克售价 1.5 元，亩产值 600 元，投入 320 元，亩纯收入 280 元；旱地小麦一般年份亩产 200 千克，亩产值 300 元，投入 160 元，亩纯收入 140 元；水地玉米平均亩产 500 千克，每千克售价 1.4 元，亩产值 700 元，亩投入 300 元，亩收益 400 元。这里指的一般年份，如遇旱年，旱地小麦收入更低，甚至亏本。旱地玉米，如遇卡脖旱，颗粒无收。水地小麦、玉米，如遇旱年，投入加大，收益降低。

苹果一般亩纯收入 2 500 元左右。

三、施肥现状与耕地养分演变

长治市郊区大田施肥情况是农家肥施用呈下降趋势。过去农村耕地、运输主要以畜力为主，农家肥主要是大牲畜粪便。1976 年长治市郊区正式成立，1996 年以前一直在 3 万头以下徘徊。随农业生产责任制的推行，农业生产迅猛发展，1996 年大牲畜突破了 4 万头，随着农业机械化水平的提高，大牲畜又呈下降趋势，到 2010 年全区仅有大牲畜 2 829 头。猪和鸡的数量虽然大量增加，但粪便主要施入菜田、果园等效益较高的经济作物。因而，目前大田土壤中有机质含量的增加主要依靠秸秆还田。化肥的使用量，从逐年增加到趋于合理。据统计资料，化肥施用量 1981 年为 15 771 吨，其中氮肥 11 256 吨，折纯氮 2 732吨；过磷酸钙 4 492 吨，折五氧化二磷 612 吨；氯化钾 23 吨，折纯钾 13.8 吨；1990 年为 28 154 吨。

2010 年，长治市郊区平衡施肥面积 5 万亩，微肥应用面积 3 万亩，秸秆还田面积 10 余万亩。化肥施用量（实物）为 2 500 吨，其中，氮肥 600 吨，磷肥 600 吨，钾肥 0 吨，复合肥为 1 300 吨。

随着农业生产的发展，秸秆还田、平衡施肥技术的推广，2010 年，长治市郊区耕地

耕层土壤养分测定结果比1984年第二次全国土壤普查，普遍提高。土壤有机质平均增加了5.99克/千克，全氮增加了0.955克/千克，有效磷增加了3.85毫克/千克，速效钾增加了54.18毫克/千克。

四、农田环境质量与历史变迁

农田环境质量的好坏，直接影响农产品的产量和品质。1980—2000年随着经济高速发展，长治市郊区工业发展很快，给农业生态环境带来严重污染。绛河是全区农业灌溉的主要水源之一，不仅沿河的河滩地靠绛河水灌溉，周边的4个乡（镇）也靠绛河浇灌。当时绛河成为一条名副其实的排污河。据1995年调查，全区当时有煤焦企业8个，严重影响周围农田正常生长。2000年以后，随着各级政府环保力度的加大，不达标的造纸厂、土炼焦、小高炉全部关闭。2000年区政府对22家重点企业下达环保全面达标期限，对18家达标企业发放排污许可证，对6家排污制浆造纸企业进行卓有成效的整治，共督促50家企业完成主要污染排放达标验收工作。累计投入治污资金300余万元，累计取缔落后焦炉3座，爆破违法企业烟囱10根。为农田环境日益好转打下了基础。

长治市郊区环境质量现状：

（1）空气：长治市郊区2008年空气质量一级天数为58天，二级天数为293天，其余为三级，空气中主要污染物为SO_2，年平均SO_2指标为0.63，NO_2为0.25。

（2）地表水：县域内主要河流为绛河，评价区绛河段执行《地表水环境质量标准》（GB 3838—2002）中V类标准，水质现状为4类，水质指标COD值为23.6毫克/升左右，NH_3-N值为1.32毫克/升左右。

五、耕地利用与保养管理简要回顾

1985—1995年，根据全国第二次土壤普查结果，长治市郊区划分了土壤利用改良区，根据不同土壤类型、不同土壤肥力和不同生产水平，提出了合理利用培肥措施，达到了培肥土壤目的。

1995—2010年，随着农业产业结构调整步伐加快，实施沃土计划，推广平衡施肥，小麦、玉米秸秆直接还田，特别是2010年，测土配方施肥项目的实施，使长治市郊区施肥更合理，加上退耕还林等生态措施的实施，农业大环境得到了有效改变。近年来，随着科学发展观的贯彻落实，环境保护力度不断加大，农田环境日益好转；同时政府加大对农业投入。通过一系列有效措施，长治市郊区耕地生产正逐步向优质、高产、高效和安全迈进。

第二章　耕地地力调查与质量评价的内容和方法

根据《耕地地力调查与质量评价技术规程》和《全国测土配方施肥技术规范》(以下简称《规程》和《规范》)的要求，通过肥料效应田间试验、样品采集与制备、田间基本情况调查、土壤与植株测试、肥料配方设计、配方肥料合理使用、效果反馈与评价、数据汇总、报告撰写等内容、方法与操作规程和耕地地力评价方法的工作过程，进行耕地地力调查和质量评价。这次调查和评价是基于4个方面进行的。一是通过耕地地力调查与评价，合理调整农业结构、满足市场对农产品多样化、优质化的要求以及经济发展的需要；二是全面了解耕地质量现状，为无公害农产品、绿色食品、有机食品生产提供科学依据，为人民提供健康安全食品；三是针对耕地土壤的障碍因子，提出中低产田改造、防止土壤退化及修复已污染土壤的意见和措施，提高耕地综合生产能力；四是通过调查，建立全区耕地资源信息管理系统和测土配方施肥专家咨询系统，对耕地质量和测土配方施肥实行计算机网络管理，形成较为完善的测土配方施肥数据库，为农业增产、农业增效、农民增收提供科学决策依据，保证农业可持续发展。

第一节　工作准备

一、组织准备

由山西省农业厅牵头，组织山西省土壤肥料工作站、长治市郊区土壤肥料工作站、山西农业大学资源环境学院参加，成立测土配方施肥和耕地地力调查领导小组、专家组、技术指导组。长治市郊区成立相应的领导组、办公室、野外调查队和室内资料数据汇总组。

二、物质准备

根据《规程》和《规范》的要求，进行了充分的物质准备，先后配备了GPS定位仪、不锈钢土钻、计算机、钢卷尺、100立方厘米环刀、土袋、可封口塑料袋、水样瓶、水样固定剂、化验药品、化验室仪器以及调查表格等。并在原来土壤化验室基础上，进行必要的补充和维修，为全面调查和室内化验分析做好了充分物质准备。

三、技术准备

领导组聘请农业系统有关专家及第二次土壤普查有关人员，组成技术指导组，根据

《规程》和《山西省2005年区域性耕地地力调查与质量评价实施方案》及《规范》，制定了《长治市郊区测土配方施肥技术规范及耕地地力调查与质量评价技术规程》，并编写了技术培训教材。在采样调查前对采样调查人员进行认真、系统的技术培训。

四、资料准备

按照《规程》和《规范》的要求，收集了长治市郊区行政规划图、地形图、第二次土壤普查成果图、基本农田保护区划图、土地利用现状图、农田水利分区图等图件。收集了第二次土壤普查成果资料，基本农田保护区地块基本情况、基本农田保护区划统计资料，大气和水质量污染分布及排污资料，果树、蔬菜面积、品种、产量及污染等有关资料，农田水利灌溉区域、面积及地块灌溉保证率，退耕还林规划，肥料、农药使用品种及数量、肥力动态监测等资料。

第二节　室内预研究

一、确定采样点位

（一）布点与采样原则

为了使土壤调查所获取的信息具有一定的典型性和代表性，提高工作效率，节省人力和资金，采样点参考县级土壤图，做好采样规划设计，确定采样点位。在实际采样时，严禁随意变更采样点，若有变更须注明理由。在布点和采样时主要遵循了以下原则：一是布点具有广泛的代表性，同时兼顾均匀性。根据土壤类型、土地利用等因素，将采样区域划分为若干个采样单元，每个采样单元的土壤性状要尽可能均匀一致；二是耕地地力调查与污染调查（面源污染与点源污染）相结合，适当加大污染源点位密度；三是尽可能在全国第二次土壤普查时的剖面或农化样取样点上布点；四是采集的样品具有典型性，能代表其对应的评价单元最明显、最稳定、最典型的特征，尽量避免各种非调查因素的影响；五是所调查农户随机抽取，按照事先所确定采样地点寻找符合基本采样条件的农户进行，采样在符合要求的同一农户的同一地块内进行。

（二）布点方法

1. 大田土样布点方法　按照全国《规程》和《规范》，结合长治市郊区实际，将大田样点密度定为平原区、丘陵区平均每200亩一个点位，实际布设大田样点5 500个。一是依据山西省第二次土壤普查土种归属表，把那些图斑面积过小的土种，适当合并至母质类型相同、质地相近、土体构型相似的土种，修改编绘出新的土种图。二是将归并后的土种图与基本农田保护区划图和土地利用现状图叠加，形成评价单元。三是根据评价单元的个数及相应面积，在样点总数的控制范围内，初步确定不同评价单元的采样点数。四是在评价单元中，根据图斑大小、种植制度、作物种类、产量水平等因素的不同，确定布点数量和点位，并在图上予以标注。点位尽可能选在第二次土壤普查时的典型剖面取样点或农化样品取样点上。五是不同评价单元的取样数量和点位确定后，按照土种、作物品种、产量水平等因素，分别统计其相应的取样数量。当某一因素点位数过少或过多时，再根据实际情况进行适当调整。

2. 耕地质量调查土样布点方法　面源耕地土壤环境质量调查土样，按每个代表面积100亩布点，在疑似污染区，标点密度适当加大，按0.5～1亩取1个样，如污染、灌溉区，城市垃圾或工业废渣集中排放区，农药、化肥、农用塑料大量施用的农田为调查重点。根据调查了解的实际情况，确定点位位置，根据污染类型及面积，确立布点方法。此次调查，共布设面源质量调查土样50个。

3. 果园土样布点方法　按照《山西省果园土壤养分调查技术规程》要求，结合长治市郊区实际情况，在样点总数的控制范围内根据土壤类型、母质类型、地形部位、果树品种、树龄等因素确定相应的取样数量，每100亩布设一个采样点，共布设果园土壤样点14个。同时，采集当地主导果品样品进行果品质量分析。

二、确定采样方法

（一）大田土样采集方法

1. 采样时间　在大田作物收获后、秋播作物施肥前进行。按叠加图上确定的调查点位去野外采集样品。通过向农民实地了解当地的农业生产情况，确定最具代表性的同一农户的同一块田采样，田块面积均在1亩以上，并用GPS定位仪确定地理坐标和海拔高程，记录经纬度，精确到0.1″。依此准确方位修正点位图上的点位位置。

2. 调查、取样　向已确定采样田块的户主，按农户地块调查表格的内容逐项进行调查并认真填写。调查严格遵循实事求是的原则，对那些表述不清楚的农户，通过访问地力水平相当、位置基本一致的其他农户或对实物进行核对推算。采样主要采用“S”法，均匀随机采取15～20个采样点，充分混合后，四分法留取1千克组成一个土壤样品，并装入已准备好的土袋中。

3. 采样工具　主要采用不锈钢土钻，采样过程中努力保持土钻垂直，样点密度均匀，基本符合厚薄、宽窄、数量的均匀特征。

4. 采样深度　为0～20厘米耕作层土样。

5. 采样记录　填写2张标签，土袋内外各具1张，注明采样编号、采样地点、采样人、采样日期等。采样同时，填写大田采样点基本情况调查表和大田采样点农户调查表。

（二）耕地质量调查土样采集方法

根据污染类型及面积大小，确定采样点布设方法。污水灌溉农田采用对角线布点法；固体废物污染农田或污染源附近农田采用棋盘或同心圆布点法；面积较小、地形平坦区域采用梅花布点法；面积较大、地势较复杂区域采用“S”布点法。每个样品一般由20～25个采样点组成，面积大的适当增加采样点。采样深度一般为0～20厘米。采样同时，对采样地环境情况进行调查。

（三）果园土样采集方法

根据点位图所在位置到所在的村庄向农民实地了解当地果园品种、树龄等情况，确定具有代表性的同一农户的同一果园地进行采样。果园在果品采摘后的第一次施肥前采集。

用 GPS 定位仪定位，依此修正图位上的点位位置，采样深为 0～40 厘米。采样同时，做好采样点调查记录。

三、确定调查内容

根据《规范》的要求，按照“测土配方施肥采样地块基本情况调查表”认真填写。这次调查的范围是基本农田保护区耕地和园地（包括蔬菜、果园和其他经济作物田），调查内容主要有 4 个方面：一是与耕地地力评价相关的耕地自然环境条件，农田基础设施建设水平和土壤理化性状，耕地土壤障碍因素和土壤退化原因等；二是与农产品品质相关的耕地土壤环境状况，如土壤的富营养化、养分不平衡与缺乏微量元素和土壤污染等；三是与农业结构调整密切相关的耕地土壤适宜性问题等；四是农户生产管理情况调查。

以上资料的获得，一是利用第二次土壤普查和土地利用调查等现有资料，通过收集整理而来；二是采用以点带面的调查方法，经过实地调查访问农户获得的；三是对所采集样品进行相关分析化验后取得；四是将所有有限的资料、农户生产管理情况调查资料、分析数据录入到计算机中，并经过矢量化处理形成数字化图件、插值，使每个地块均具有各种资料信息，来获取相关资料信息。这些资料和信息，对分析耕地地力评价与耕地质量评价结果及影响因素具有重要意义。如通过分析农户投入和生产管理对耕地地力土壤环境的影响，分析农民现阶段投入成本与耕地质量直接的关系，有利于提高成果的现实性，引起各级领导的关注。通过对每个地块资源的充实完善，可以从微观角度，对土、肥、气、热、水资源运行情况有更周密的了解，提出管理措施和对策，指导农民进行资源合理利用和分配。通过对全部信息资料的了解和掌握，可以宏观调控资源配置，合理调整农业产业结构，科学指导农业生产。

四、确定分析项目和方法

根据《规程》及《山西省耕地地力调查及质量评价实施方案》和《规范》规定，土壤质量调查样品检测项目为：pH、有机质、全氮、碱解氮、有效磷、速效钾、缓效钾、有效硫、有效铜、有效锌、有效铁、有效锰和水溶性硼 13 个项目；干果园土壤样品检测项目为：pH、有机质、全氮、有效磷、速效钾、有效钙、有效镁、有效铜、有效锌、有效铁、有效锰和有效硼 12 个项目。其分析方法均按全国统一规定的测定方法进行。

五、确定技术路线

长治市郊区耕地地力调查与质量评价所采用的技术路线见图 2-1。

1. 确定评价单元 本次调查是基于 2009 年全国第二次土地调查成果进行，长治市郊区土地利用总图斑数 7 151 个，耕地图斑 3 646 个，平均耕地图斑 44.69 亩，因此本次评价单元采用土地利用现状图耕地图斑作为基本评价单元，并将土壤图（1∶50 000）与土

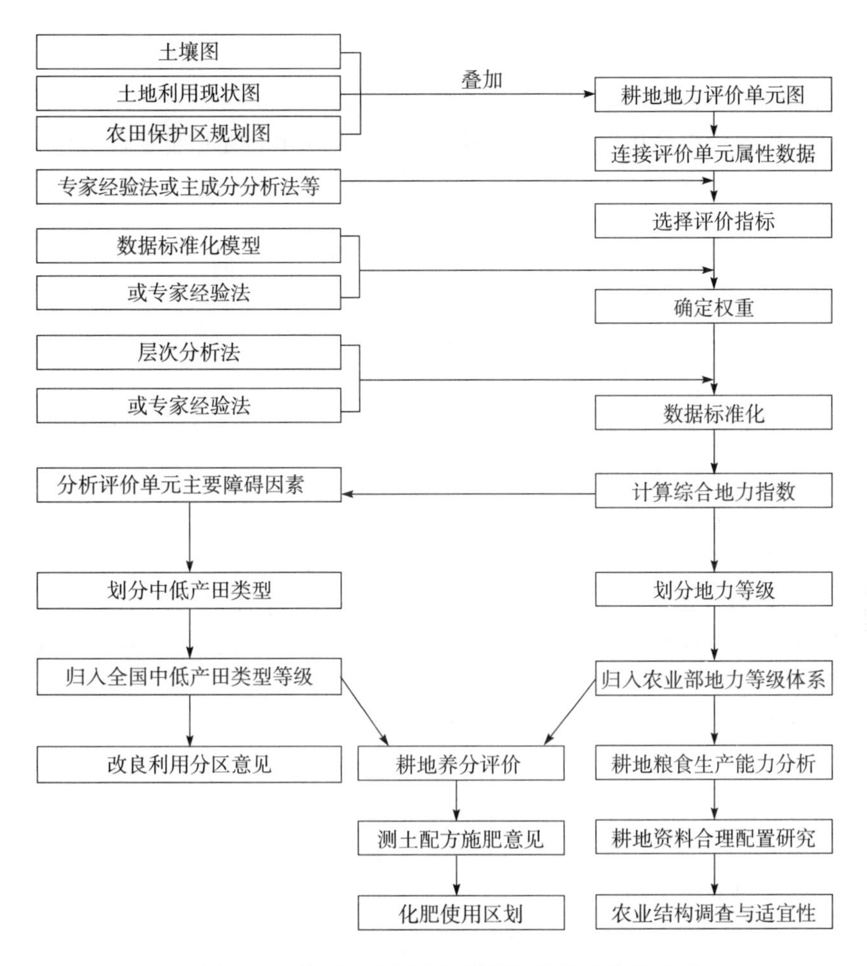

图 2-1　耕地地力调查与质量评价技术路线流程

地利用现状图（1∶10 000）配准后，用土地利用现状图层提取土壤图层的信息。相似、相近的评价单元至少采集 1 个土壤样品进行分析，在评价单元图上连接评价单元属性数据库，用计算机绘制各评价因子图。

2. 确定评价因子　根据全国、省级耕地地力评价指标体系并通过农科教专家论证来选择长治市郊区县域耕地地力评价因子。

3. 确定评价因子权重　用模糊数学德尔菲法和层次分析法将评价因子标准数据化，并计算出每一评价因子的权重。

4. 数据标准化　选用隶属函数法和专家经验法等数据标准化方法，对评价指标进行数据标准化处理，对定性指标要进行数值化描述。

5. 综合地力指数计算　用各因子的地力指数累加得到每个评价单元的综合地力指数。

6. 划分地力等级　根据综合地力指数分布的累积频率曲线法或等距法，确定分级方案，并划分地力等级。

7. 归入全国耕地地力等级体系　依据《全国耕地类型区、耕地地力等级划分》（NY/

T 309—1996)，归纳整理各级耕地地力要素主要指标，结合专家经验，将各级耕地地力归入全国耕地地力等级体系。

8. 划分中低产田类型 依据《全国中低产田类型划分与改良技术规范》(NY/T 310—1996)，分析评价单元耕地土壤主要障碍因素，划分并确定中低产田类型。

9. 耕地质量评价 用综合污染指数法评价耕地土壤环境质量。

第三节 野外调查及质量控制

一、调查方法

野外调查的重点是对取样点的立地条件、土壤属性、农田基础设施条件、农户栽培管理成本、收益及污染等情况全面了解、掌握。

1. 室内确定采样位置 技术指导组根据要求，在1∶10 000评价单元图上确定各类型采样点的采样位置，并在图上标注。

2. 培训野外调查人员 抽调技术素质高、责任心强的农业技术人员，尽可能抽调第二次土壤普查人员，经过为期3天的专业培训和野外实习，组成6支野外调查队，共20多人参加野外调查。

3. 根据《规程》和《规范》要求，严格取样 各野外调查支队根据图标位置，在了解农户农业生产情况的基础上，确定具有代表性的田块和农户，用GPS定位仪进行定位，依据田块准确方位修正点位图上的点位位置。

4. 按照《规程》、省级实施方案要求规定和《规范》规定，填写调查表，并将采集的样品统一编号，带回室内化验。

二、调查内容

(一) 基本情况调查项目

1. 采样地点和地块 地址名称采用民政部门认可的正式名称，地块采用当地的通俗名称。

2. 经纬度及海拔高度 由GPS定位仪进行测定。

3. 地形地貌 以形态特征划分为五大地貌类型，即山地、丘陵、平原、高原及盆地。

4. 地形部位 指中小地貌单元。主要包括河漫滩、一级阶地、二级阶地、高阶地、坡地、梁地、垣地、峁地、山地、沟谷、洪积扇(上、中、下)、倾斜平原、河槽地、冲积平原。

5. 地面坡度 一般分为≤2.0°、2.1°～5.0°、5.1°～8.0°、8.1°～15.0°、15.1°～25.0°、>25.0°。

6. 侵蚀情况 按侵蚀种类和侵蚀程度记载，根据土壤侵蚀类型可划分为水蚀、风蚀、重力侵蚀、冻融侵蚀、混合侵蚀等，侵蚀程度通常分为无明显、轻度、中度、强度、极强度5级。

7. 潜水深度　指地下水深度，分为深位（3～5 米）、中位（2～3 米）、浅位（<2 米）。

8. 家庭人口及耕地面积　指每个农户实有的人口数量和种植耕地面积（亩）。

（二）土壤性状调查项目

1. 土壤名称　统一按第二次土壤普查时的连续命名法填写，详细到土种。

2. 土壤质地　国际制；全部样品均需采用手摸测定；质地分为：沙土、沙壤、壤土、黏壤和黏土 5 级。室内选取 10%的样品采用比重计法（粒度分布仪法）测定。

3. 质地构型　指不同土层之间质地构造变化情况。一般可分为通体壤、通体黏、通体沙、黏夹沙、底沙、壤夹黏、多砾、少砾、夹砾、底砾、少姜和多姜等。

4. 耕层厚度　用铁锹垂直铲下去，用钢卷尺按实际进行测量确定。

5. 障碍层次及深度　主要指沙土、黏土、砾石、料姜等所发生的层位、层次及深度。

6. 土壤母质　按成因类型分为保德红土、残积物、河流冲积物、洪积物、黄土状冲积物、离石黄土、马兰黄土等类型。

（三）农田设施调查项目

1. 地面平整度　按大范围地面坡度分为平整（<2°）、基本平整（2°～5°）、不平整（>5°）。

2. 梯田化水平　分为地面平坦、园田化水平高，地面基本平坦、园田化水平较高，高水平梯田，缓坡梯田，新修梯田和坡耕地 6 种类型。

3. 田间输水方式　管道、防渗渠道、土渠等。

4. 灌溉方式　分为漫灌、畦灌、沟灌、滴灌、喷灌、管灌等。

5. 灌溉保证率　分为充分满足、基本满足、一般满足和无灌溉条件 4 种情况，或按灌溉保证率（%）计。

6. 排涝能力　分为强、中、弱 3 级。

（四）生产性能与管理情况调查项目

1. 种植（轮作）**制度**　分为一年一熟、一年两熟、两年三熟等。

2. 作物（蔬菜）**种类与产量**　指调查地块上年度主要种植作物及其平均产量。

3. 耕翻方式及深度　指翻耕、旋耕、耙地、耱地、中耕等。

4. 秸秆还田情况　分翻压还田、覆盖还田等。

5. 设施类型棚龄或种菜年限　分为薄膜覆盖、塑料拱棚、温室等，棚龄以正式投入算起。

6. 上年度灌溉情况　包括灌溉方式、灌溉次数、年灌水量、水源类型、灌溉费用等。

7. 年度施肥情况　包括有机肥、氮肥、磷肥、钾肥、复合（混）肥、微肥、叶面肥、微生物肥及其他肥料施用情况，有机肥要注明类型，化肥指纯养分。

8. 上年度生产成本　包括化肥、有机肥、农药、农膜、种子（种苗）、机械人工及其他。

9. 上年度农药使用情况　农药作用次数、品种、数量。

10. 产品销售及收入情况。

11. 作物品种及种子来源。

12. 蔬菜效益 指当年纯收益。

三、采样数量

在长治市郊区 16.18 万亩耕地上，共采集大田土壤样品 5 500 个、果园土壤样品 20 个。

四、采样控制

野外调查采样是本次调查评价的关键。既要考虑采样代表性、均匀性，也要考虑采样的典型性。根据长治市郊区的区划划分特征，分别在全区 6 个乡（镇）及 1 个开发区，不同作物类型、不同地力水平的农田严格按照《规程》和《规范》要求均匀布点，并按图标布点实地核查后进行定点采样。在工矿周围农田质量调查方面，重点对使用工业水浇灌的农田以及大气污染较重的企业等附近农田进行采样；干果园主要集中在丘陵山区一带，所以我们在干果园集中区进行了重点采样。整个采样过程严肃认真，达到了《规程》要求，保证了调查采样质量。

第四节 样品分析及质量控制

一、分析项目及方法

土壤样品

（1）pH：采用土液比 1∶2.5，电位法测定。

（2）有机质：采用油浴加热重铬酸钾氧化容量法测定。

（3）全磷：采用氢氧化钠熔融——钼锑抗比色法测定。

（4）有效磷：采用碳酸氢钠或氟化铵-盐酸浸提——钼锑抗比色法测定。

（5）全钾：采用氢氧化钠熔融——火焰光度计或原子吸收分光光度计法测定。

（6）速效钾：采用乙酸铵浸提——火焰光度计或原子吸收分光光度计法测定。

（7）全氮：采用凯氏蒸馏法测定。

（8）碱解氮：采用碱解扩散法测定。

（9）缓效钾：采用硝酸提取——火焰光度法测定。

（10）有效铜、锌、铁、锰：采用 DTPA 提取——原子吸收光谱法测定。

（11）有效钼：采用草酸-草酸铵浸提——极谱法草酸-草酸铵提取、极谱法测定。

（12）水溶性硼：采用沸水浸提——甲亚胺- H 比色法或姜黄素比色法测定。

（13）有效硫：采用磷酸盐-乙酸或氯化钙浸提——硫酸钡比浊法测定。

（14）有效硅：采用柠檬酸浸提——硅钼蓝色比色法测定。

（15）交换性钙和镁：采用乙酸铵提取——原子吸收光谱法测定。

（16）阳离子交换量：采用 EDTA -乙酸铵盐交换法测定。

二、分析测试质量控制

分析测试质量主要包括野外调查取样后样品风干、处理与实验室分析化验质量，其质量的控制是调查评价的关键。

（一）样品风干及处理

常规样品如大田样品、果园土壤样品，及时放置在干燥、通风、卫生、无污染的室内风干，风干后送化验室处理。

将风干后的样品平铺在制样板上，用木棍或塑料棍碾压，并将植物残体、石块等侵入体和新生体剔除干净。细小已断的植物须根，可采用静电吸附的方法清除。压碎的土样用2毫米孔径筛过筛，未通过的土粒重新碾压，直至全部样品通过2毫米孔径筛为止。通过2毫米孔径筛的土样可供pH、盐分、交换性能及有效养分等项目的测定。

将通过2毫米孔径筛的土样用四分法取出一部分继续碾磨，使之全部通过0.25毫米孔径筛，供有机质、全氮、碳酸钙等项目的测定。

用于微量元素分析的土样，其处理方法同一般化学分析样品，但在采样、风干、研磨、过筛、运输、储存等诸环节都要特别注意，不要接触容易造成样品污染的铁、铜等金属器具。采样、制样推荐使用不锈钢、木、竹或塑料工具，过筛使用尼龙网筛等。通过2毫米孔径尼龙筛的样品可用于测定土壤有效态微量元素。

将风干土样反复碾碎，用2毫米孔径筛过筛。留在筛上的碎石称量后保存，同时将过筛的土壤称重，计算石砾质量百分数。将通过2毫米孔径筛的土样混匀后盛于广口瓶内，用于颗粒分析及其他物理性质测定。若风干土样中有铁锰结核、石灰结核、铁子或半风化体，不能用木棍碾碎，应首先将其细心拣出称量保存，然后再进行碾碎。

（二）实验室质量控制

1. 在测试前采取的主要措施

（1）按《规程》要求制订了周密的采样方案：尽量减少采样误差（把采样作为分析检验的一部分）。

（2）正式开始分析前，对检验人员进行为期2周的培训：对监测项目、监测方法、操作要点、注意事项一一进行培训，并进行了质量考核，为检验人员掌握了解项目分析技术、提高业务水平、减少误差等奠定了基础。

（3）收样登记制度：制定了收样登记制度，将收样时间、制样时间、处理方法与时间、分析时间一一登记，并在收样时确定样品统一编码、野外编码及标签等，从而确保了样品的真实性和整个过程的完整性。

（4）测试方法确认（尤其是同一项目有几种检测方法时）：根据实验室现有条件、要求规定及分析人员掌握情况等确立最终采取的分析方法。

（5）测试环境确认：为减少系统误差，对实验室温湿度、试剂、用水、器皿等一一检验，保证其符合测试条件。对有些相互干扰的项目分开实验室进行分析。

（6）检测用仪器设备及时进行计量检定，定期进行运行状况检查。

2. 在检测中采取的主要措施

（1）仪器使用实行登记制度，并及时对仪器设备进行检查维修和调整。

（2）严格执行项目分析标准或规程，确保测试结果准确性。

（3）坚持平行试验、必要的重现性试验，控制精密度，减少随机误差。

每个项目开始分析时每批样品均须做100%平行样品，结果稳定后，平行次数减少50%，最少保证做10%～15%平行样品。每个化验人员都自行编入明码样做平行测定，质控员还编入10%密码样进行质量控制。

平行双样测定结果的误差在允许的范围之内为合格；平行双样测定全部不合格者，该批样品须重新测定；平行双样测定合格率＜95%时，除对不合格的重新测定外，再增加10%～20%的平行测定率，直到总合格率达95%以上。

（4）坚持带质控样进行测定：

①与标准样对照。分析中，每批次带标准样品10%～20%，在测定的精密度合格的前提下，标准样测定值在标准保证值（95%的置信水平）范围的为合格，否则本批结果无效，进行重新分析测定。

②加标回收法。对灌溉水样由于无标准物质或质控样品，采用加标回收试验来测定准确度。

加标率，在每批样品中，随机抽取10%～20%试样进行加标回收测定。

加标量，被测组分的总量不得超出方法的测定上限。加标浓度宜高，体积应小，不应超过原定试样体积的1%。

加标回收率在90%～110%范围内的为合格。

$$\text{回收率（\%）}=\frac{\text{测得总量}-\text{样品含量}}{\text{标准加入量}}\times 100$$

根据回收率大小，也可判断是否存在系统误差。

（5）注重空白试验：全程空白值是指用某一方法测定某物质时，除样品中不含该物质外，整个分析过程中引起的信号值或相应浓度值。它包含了试剂、蒸馏水中杂质带来的干扰，从待测试样的测定值中扣除，可消除上述因素带来的系统误差。如果空白值过高，则要找出原因，采取其他措施（如提纯试剂、更新试剂、更换容器等）加以消除。保证每批次样品做2个以上空白样，并在整个项目开始前按要求做全程序空白测定，每次做2个平行空白样，连测5天共得10个测定结果，计算批内标准偏差 S_{wb}。

$$S_{wb}=\sum(X_i-X_{\text{平}})^2/m(n-1)^{1/2}$$

式中：n——每天测定平均样个数；

m——测定天数。

（6）做好校准曲线：比色分析中标准系列保证设置6个以上浓度点。根据浓度和吸光值按一元线性回归方程计算其相关系数。

$$Y=a+bX$$

式中：Y——吸光度；

X——待测液浓度；

a——截距；

b——斜率。

要求标准曲线相关系数 $r \geqslant 0.999$。

校准曲线控制：①每批样品皆需做校准曲线；②标准曲线力求 $r \geqslant 0.999$，且有良好重现性；③大批量分析时每测 10～20 个样品要用一标准液校验，检查仪器状况；④待测液浓度超标时不能任意外推。

（7）用标准物质校核实验室的标准滴定溶液：标准物质的作用是校准。对测量过程中使用的基准纯、优级纯的试剂进行校验。校准合格才准用，确保量值准确。

（8）详细、如实记录测试过程，使检测条件可再现、检测数据可追溯：对测量过程中出现的异常情况也及时记录，及时查找原因。

（9）认真填写测试原始记录，测试记录做到：如实、准确、完整、清晰。记录的填写、更改均制定了相应制度和程序。当测试由一人读数一人记录时，记录人员复读多次所记的数字，减少误差发生。

3. 检测后主要采取的技术措施

（1）加强原始记录校核、审核，实行“三审三校”制度，对发现的问题及时研究、解决，或召开质量分析会，达成共识。

（2）运用质量控制图预防质量事故发生：对运用均值-极差控制图的判断，参照《质量专业理论与实名》中的判断准则。对控制样品进行多次重复测定，由所得结果计算出控制样的平均值 X 及标准差 S（或极差 R），就可绘制均值-标准差控制图（或均值-极差控制图），纵坐标为测定值，横坐标为获得数据的顺序。将均值 X 做成与横坐标平行的中心级 CL，$X \pm 3S$ 为上下警戒限 UCL 及 LCL，$X \pm 2S$ 为上下警戒限 UWL 及 LWL，在进行试样列行分析时，每批带入控制样，根据差异判异准则进行判断。如果在控制限之外，该批结果为全部错误结果，则必须查出原因，采取措施，加以消除。除“回控”后再重复测定，并控制不再出现，如果控制样的结果落在控制限和警戒限之间，说明精密度已不理想，应引起注意。

（3）控制检出限：检出限是指对某一特定的分析方法在给定的置信水平内，可以从样品中检测的待测物质的最小浓度或最小量。根据空白测定的批内标准偏差（S_{wb}）按下列公式计算检出限（95%的置信水平）。

①若试样一次测定值与零浓度试样一次测定值有显著性差异时，检出限（L）按下列公式计算：

$$L = 2 \times 2^{1/2} t_f S_{wb}$$

式中：L——方法检出限；

t_f——显著水平为 0.05（单侧）、自由度为 f 的 t 值；

S_{wb}——批内空白值标准偏差；

f——批内自由度，$f = m(n-1)$，m 为重复测定次数，n 为平行测定次数。

②原子吸收分析方法中检出限计算：$L = 3S_{wb}$。

③分光光度法以扣除空白值后的吸光值为 0.010 相对应的浓度值为检出限。

（4）及时对异常情况处理：

①异常值的取舍。对检测数据中的异常值，按《数据的统计处理和解释　正态样本离

群值的判断和处理》(GB/T 4883—2008)规定采用Grubbs法或Dixon法加以判断处理。

②因外界干扰(如停电、停水),检测人员应终止检测,待排除干扰后重新检测,并记录干扰情况。当仪器出现故障时,故障排除后校准合格的,方可重新检测。

(5)使用计算机采集、处理、运算、记录、报告、存储检测数据时,应制定相应的控制程序。

(6)检验报告的编制、审核、签发:检验报告是实验工作的最终结果,是试验室的产品,因此对检验报告质量要高度重视。检验报告应做到完整、准确、清晰、结论正确。必须坚持三级审核制度,明确制表、审核、签发的职责。

除此之外,为保证分析化验质量,提高实验室之间分析结果的可比性,山西省土壤肥料工作站抽查5%～10%的样品在省测试中心进行复核,并编制密码样,对实验室进行质量监督和控制。

4. 技术交流 在分析过程中,发现问题及时交流,改进方法,不断提高技术水平。

5. 数据录入 分析数据按《规程》和方案要求审核后编码整理,和采样点一一对照,确认无误后进行录入。采取双人录入相互对照的方法,保证录入正确率。

第五节 评价依据、方法及评价标准体系的建立

一、评价原则依据

经专家评议,长治市郊区确定了7个因子为耕地地力评价指标。见表2-1。

表2-1 长治市郊区耕地评价指标(7项)

指标层		准则层					组合权重
		C_1	C_2	C_3	C_4	C_5	$\sum C_iA_i$
		0.290 9	0.123 3	0.153 0	0.141 9	0.290 9	1.000 0
A_1	地形部位	1.000 0					0.290 9
A_2	耕层质地		1.000 0				0.123 3
A_3	有机质			0.615 5			0.094 2
A_4	pH			0.384 5			0.058 9
A_5	有效磷				0.664 0		0.094 2
A_6	速效钾				0.336 0		0.047 6
A_7	灌溉保证率					1.000 0	0.290 9

1. 立地条件 指耕地土壤的自然环境条件,它包含耕地与质量直接相关的地貌类型及地形部位、成土母质、地面坡度等。

长治市郊区地形部位及成土母质见表2-2,长治市郊区耕层质地(质地类别)及质地构型见表2-3。

表 2-2　长治市郊区地形部位及成土母质

数据编码	数据描述
地形部位	
DXBW001	冲积、洪积扇前缘
DXBW002	冲积、洪积扇（中、上）部
DXBW014	低山丘陵坡地
DXBW015	泛滥河流的河间洼地
DXBW016	封闭洼地
DXBW021	沟谷、梁、峁、坡
DXBW022	沟谷地
DXBW026	河流冲积平原的边缘地带
DXBW027	河流冲积平原的河漫滩
DXBW028	河流阶地
DXBW029	河流宽谷阶地
DXBW030	河流一级、二级阶地
DXBW033	洪积扇上部
DXBW036	黄土丘陵沟谷、坡麓及缓坡
DXBW037	黄土丘陵沟谷边地、残垣、残梁
DXBW039	黄土垣、梁
DXBW040	阶地
DXBW041	近代河床低阶地
DXBW042	开阔河湖冲、沉积平原
DXBW046	丘陵低山中、下部及坡麓平坦地
DXBW047	山地、丘陵（中、下）部的缓坡地段，地面有一定的坡度
DXBW051	坡麓、坡腰
DXBW070	山前洪积平原
DXBW071	山前倾斜平原的中、下部
DXBW081	中低山顶部
DXBW082	中低山上、中部坡腰
成土母质	
CTMZ100	残积物
CTMZ200	坡积物
CTMZ300	洪积物
CTMZ310	砾质洪积物（砾石占剖面 30%以上）
CTMZ312	石灰性砾质洪积物
CTMZ320	土质洪积物（砾石占剖面 1%～30%）
CTMZ321	中性土质洪积物

（续）

数据编码	数据描述
成土母质	
CTMZ322	石灰性土质洪积物
CTMZ330	黄土状母质（物理黏粒含量＞45%）
CTMZ400	黄土母质
CTMZ410	沙质黄土母质（物理黏粒含量＜30%）
CTMZ420	壤质黄土母质（物理黏粒含量 35%～45%）
CTMZ421	离石黄土
CTMZ422	午城黄土
CTMZ423	马兰黄土
CTMZ430	黏质黄土母质（物理黏粒含量＞45%）
CTMZ500	红土母质
CTMZ600	冲积物
CTMZ900	风沙沉积物
CTMZ1200	人工堆垫物
CTMZ1300	人工淤积物

表 2-3　长治市郊区耕层质地（质地类别）及质地构型

数据编码	数据描述	数据编码	数据描述
耕层质地（质地类别）			
ZDLB001	松沙土	ZDLB006	重壤土
ZDLB002	紧沙土	ZDLB007	轻黏土
ZDLB003	沙壤土	ZDLB008	中黏土
ZDLB004	轻壤土	ZDLB009	重黏土
ZDLB005	中壤土		
质地构型			
ZDGX001	均质沙土	ZDGX022	均质中壤
ZDGX002	夹壤沙土	ZDGX023	夹沙中壤
ZDGX003	夹黏沙土	ZDGX024	夹黏中壤
ZDGX004	壤身沙土	ZDGX025	沙身中壤
ZDGX005	黏身沙土	ZDGX026	黏身中壤
ZDGX006	壤底沙土	ZDGX027	沙底中壤
ZDGX007	黏底沙土	ZDGX028	黏底中壤
ZDGX008	均质沙壤	ZDGX029	均质重壤
ZDGX009	夹壤沙壤	ZDGX030	夹沙重壤
ZDGX010	夹黏沙壤	ZDGX031	夹壤重壤
ZDGX011	壤身沙壤	ZDGX032	沙身重壤

（续）

数据编码	数据描述	数据编码	数据描述
质地构型			
ZDGX012	黏身沙壤	ZDGX033	壤身重壤
ZDGX013	壤底沙壤	ZDGX034	沙底重壤
ZDGX014	黏底沙壤	ZDGX035	壤底重壤
ZDGX015	均质轻壤	ZDGX036	均质黏土
ZDGX016	夹沙轻壤	ZDGX037	夹沙黏土
ZDGX017	夹黏轻壤	ZDGX038	夹壤黏土
ZDGX018	沙身轻壤	ZDGX039	沙身黏土
ZDGX019	黏身轻壤	ZDGX040	壤身黏土
ZDGX020	沙底轻壤	ZDGX041	沙底黏土
ZDGX021	黏底轻壤	ZDGX042	壤底黏土

地貌类型及其特征描述：长治市郊区由平原到山地垂直分布的主要地形、地貌有河流及河谷冲积平原（河漫滩、一级阶地、二级阶地）、山前倾斜平原（洪积扇上、中、下等）、丘陵（梁地、坡地等）和山地（石质山、土石山等）。

2. 土壤属性 耕层土壤理化性状：分为较稳定的理化性状（质地、有机质、pH）和易变化的化学性状（有效磷、速效钾）两大部分。

（1）有机质：土壤肥力的重要指标，直接影响耕地地力水平。按其含量（克/千克）从高到低依次分为 6 级（>25.00、20.01～25.00、15.01～20.00、10.01～15.00、5.01～10.00、≤5.00）进入地力评价系统。

（2）pH：过大或过小，作物生长发育受抑。按照长治市郊区耕地土壤的 pH 范围，按其测定值由低到高依次分为 6 级（6.0～7.0、7.0～7.9、7.9～8.5、8.5～9.0、9.0～9.5、>9.5）进入地力评价系统。

（3）有效磷：按其含量（毫克/千克）从高到低依次分为 5 级（>25.00、20.1～25.00、10.1～20.00、5.1～10.00、≤5.00）进入地力评价系统。

（4）速效钾：按其含量（毫克/千克）从高到低依次分为 6 级（>200、151～200、101～150、81～100、51～80、≤50）进入地力评价系统。

3. 农田基础设施条件 灌溉保证率：指降水不足时的有效补充程度，是提高作物产量的有效途径，分为充分满足，可随时灌溉；基本满足，在关键时期可保证灌溉；一般满足，大旱之年不能保证灌溉；无灌溉条件 4 种情况。

二、评价方法及流程

（一）耕地地力评价

1. 技术方法

（1）文字评述法：对一些概念性的评价因子（如地形部位、土壤母质、质地构型、质地、梯田化水平、盐渍化程度等）进行定性描述。

（2）专家经验法（德尔菲法）：在山西省农科教系统邀请土肥界具有一定学术水平和农业生产实践经验的 24 名专家，参与评价因素的筛选和隶属度确定（包括概念型和数值型评价因子的评分），见表 2-4。

表 2-4　各评价因子专家打分意见

因　子	平均值	众数值	建议值
立地条件（C_1）	1.0	1（17）	1
较稳定的理化性状（C_2）	2.7	1（13）5（10）	3
易变化的化学性状（C_3）	4.1	5（13）3（11）	4
农田基础建设（C_4）	1.0	1（17）	1
地形部位（A_1）	1.0	1（24）	1
耕层质地（A_2）	1.9	1（13）3（11）	2
有机质（A_3）	2.7	1（14）5（10）	3
pH（A_4）	4.0	3（10）5（10）	4
有效磷（A_5）	3.2	1（9）5（11）	3
速效钾（A_6）	4.7	3（13）7（10）	5
灌溉保证率（A_7）	1.0	1（24）	1

（3）模糊综合评判法：应用这种数据统计的方法对数值型评价因子（如地面坡度、有效土层厚度、耕层厚度、土壤容重、有机质、有效磷、速效钾、酸碱度、灌溉保证率等）进行定量描述，即利用专家给出的评分（隶属度）建立某一评价因子的隶属函数。见表 2-5。

表 2-5　长治市郊区耕地地力评价数字型因子分级及其隶属度

评价因子	量纲	1级	2级	3级	4级	5级	6级
		量值	量值	量值	量值	量值	量值
地面坡度	°	<2.0	2.0～5.0	5.1～8.0	8.1～15.0	15.1～25.0	>25.0
有效土层厚度	厘米	>150	101～150	76～100	51～75	26～50	≤25
耕层厚度	厘米	>30	26～30	21～25	16～20	11～15	≤10
有机质	克/千克	>25.0	20.01～25.00	15.01～20.00	10.01～15.00	5.01～10.00	≤5.00
pH		6.7～7.0	7.1～7.9	8.0～8.5	8.6～9.0	9.1～9.5	>9.5
有效磷	毫克/千克	>25.0	20.1～25.0	15.1～20.0	10.1～15.0	5.1～10.0	≤5.0
速效钾	毫克/千克	>200	151～200	101～150	81～100	51～80	≤50
灌溉保证率		充分满足	基本满足	基本满足	一般满足	无灌溉条件	

（4）层次分析法：用于计算各参评因子的组合权重。本次评价，把耕地生产性能（即耕地地力）作为目标层（G 层），把影响耕地生产性能的立地条件、土体构型、较稳定的理化性状、易变化的化学性状、农田基础设施条件作为准则层（C 层），再把影响准则层中的各因素的项目作为指标层（A 层），建立耕地地力评价层次结构图。在此基础上，由

24名专家分别对不同层次内各参评因素的重要性做出判断，构造出不同层次间的判断矩阵。最后计算出各评价因子的组合权重。

（5）指数和法：采用加权法计算耕地地力综合指数，即将各评价因子的组合权重与相应的因素等级分值（即由专家经验法或模糊综合评判法求得的隶属度）相乘后累加。如：

$$IFI = \sum B_i \times A_i (i = 1,2,3,\cdots,15)$$

式中：IFI——耕地地力综合指数；

B_i——第 i 个评价因子的等级分值；

A_i——第 i 个评价因子的组合权重。

2. 技术流程

（1）应用叠加法确定评价单元：把基本农田保护区规划图与土地利用现状图、土壤图叠加形成的图斑作为评价单元。

（2）空间数据与属性数据的连接：用评价单元图分别与各个专题图叠加，为每一评价单元获取相应的属性数据。根据调查结果，提取属性数据进行补充。

（3）确定评价指标：根据全国耕地地力调查评价指数表，由山西省土壤肥料工作站组织24名专家，采用德尔菲法和模糊综合评判法确定长治市郊区耕地地力评价因子及其隶属度。

（4）应用层次分析法确定各评价因子的组合权重。

（5）数据标准化：计算各评价因子的隶属函数，对各评价因子的隶属度数值进行标准化。

（6）应用累加法计算每个评价单元的耕地地力综合指数。

（7）划分地力等级：分析综合地力指数分布，确定耕地地力综合指数的分级方案，划分地力等级。

（8）归入农业部地力等级体系：选择10%的评价单元，调查近3年粮食单产（或用基础地理信息系统中已有资料），与以粮食作物产量为引导确定的耕地基础地力等级进行相关分析，找出两者之间的对应关系，将评价的地力等级归入农业部确定的等级体系[《全国耕地类型区、耕地地力等级划分》（NY/T 309—1996）]。

（9）采用GIS、GPS系统编绘各种养分图和地力等级图等图件。

三、评价标准体系建立

耕地地力评价标准体系建立

1. 耕地地力要素的层次结构　见图2-2。

2. 耕地地力要素的隶属度

（1）概念性评价因子：各评价因子的隶属度及其描述见表2-6。

（2）数值型评价因子：各评价因子的隶属函数（经验公式）见表2-7。

3. 耕地地力要素的组合权重　应用层次分析法所计算的各评价因子的组合权重见表2-8。

表 2-6 长治市郊区耕地地力评价概念性因子隶属度及其描述

地形部位	描述	河漫滩	一级阶地	二级阶地	高阶地	垣地	洪积扇（上、中、下）			倾斜平原	梁地	峁地	坡麓	沟谷
	隶属度	0.7	1.0	0.9	0.7	0.4	0.4	0.6	0.8	0.8	0.2	0.2	0.1	0.6

母质类型	描述	洪积物	河流冲积物	黄土状冲积物	残积物	保德红土	马兰黄土	离石黄土
	隶属度	0.7	0.9	1.0	0.2	0.3	0.5	0.6

质地构型	描述	通体壤	黏夹沙	底沙	壤夹黏	壤夹沙	沙夹黏	通体黏	夹砾	底砾	少砾	多砾	少姜	浅姜	多姜	通体沙	浅钙积	夹白干	底白干
	隶属度	1.0	0.6	0.7	1.0	0.9	0.3	0.6	0.4	0.7	0.8	0.2	0.8	0.4	0.2	0.3	0.4	0.4	0.7

耕层质地	描述	沙土	沙壤	轻壤	中壤	重壤	黏土
	隶属度	0.2	0.6	0.8	1.0	0.8	0.4

梯（园）田化水平	描述	地面平坦 园田化水平高	地面基本平坦 园田化水平较高	高水平梯田	缓坡梯田 熟化程度5年以上	新修梯田	坡耕地
	隶属度	1.0	0.8	0.6	0.4	0.2	0.1

盐渍化程度	描述		无	轻	中	重
		全盐量	苏打为主，<0.1%	0.1%～0.3%	0.3%～0.5%	>0.5%
			氯化物为主，<0.2%	0.2%～0.4%	0.4%～0.6%	>0.6%
			硫酸盐为主，<0.3%	0.3%～0.5%	0.5%～0.7%	>0.7%
	隶属度		1.0	0.7	0.4	0.1

灌溉保证率	描述	充分满足	基本满足	一般满足	无灌溉条件
	隶属度	1.0	0.7	0.4	0.1

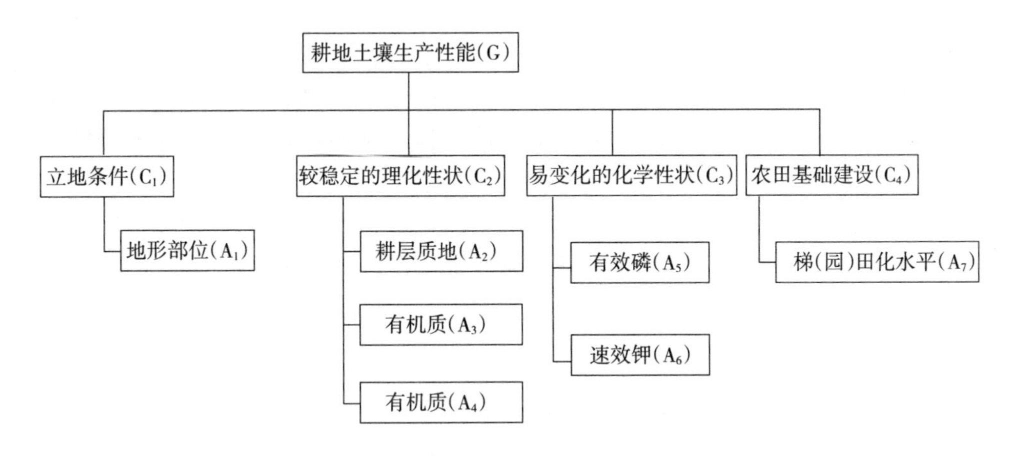

图 2-2　耕地地力要素层次结构图

表 2-7　长治市郊区耕地地力评价数值型因子隶属函数

函数类型	评价因子	经验公式	C	U_t
戒上型	有机质（克/千克）	$y=1\ [1+2.912\times10^{-3}\times\ (u-c)^2]$	28.4	≤5.00
戒下型	pH	$y=1\ [1+0.515\ 6\times\ (u-c)^2]$	7.00	≥9.50
戒上型	有效磷（毫克/千克）	$y=1\ [1+3.035\times10^{-3}\times\ (u-c)^2]$	28.8	≤5.00
戒上型	速效钾（毫克/千克）	$y=1\ [1+5.389\times10^{-5}\times\ (u-c)^2]$	228.76	≤50

表 2-8　长治市郊区耕地地力评价因子层次分析结果

指标层		准则层				组合权重
		C_1	C_2	C_3	C_4	$\sum C_iA_i$
		0.290 9	0.276 3	0.141 9	0.290 9	1.000 0
A_1	地形部位	1.000 0				0.290 9
A_2	耕层质地		0.446 2			0.123 3
A_3	有机质		0.340 9			0.094 2
A_4	pH		0.213 0			0.058 9
A_5	有效磷			0.664 0		0.094 2
A_6	速效钾			0.336 0		0.047 6
A_7	灌溉保证率				1.000 0	0.290 9

第六节　耕地资源管理信息系统建立

一、耕地资源管理信息系统的总体设计

总体目标

耕地资源信息系统以一个县行政区域内耕地资源为管理对象，应用GIS技术对辖区

内的地形、地貌、土壤、土地利用、农田水利、土壤污染、农业生产基本情况、基本农田保护区等资料进行统一管理，构建耕地资源基础信息系统，并将此数据平台与各类管理模型结合，对辖区内的耕地资源进行系统的动态管理，为农业决策者、农民和农业技术人员提供耕地质量动态变化、土壤适宜性、施肥咨询、作物营养诊断等多方位的信息服务。

本系统行政单元为村，农田单元为基本农田保护块，土壤单元为土种，系统基本管理单元为土壤、基本农田保护块、土地利用现状叠加所形成的评价单元。

1. 系统结构 见图 2-3。

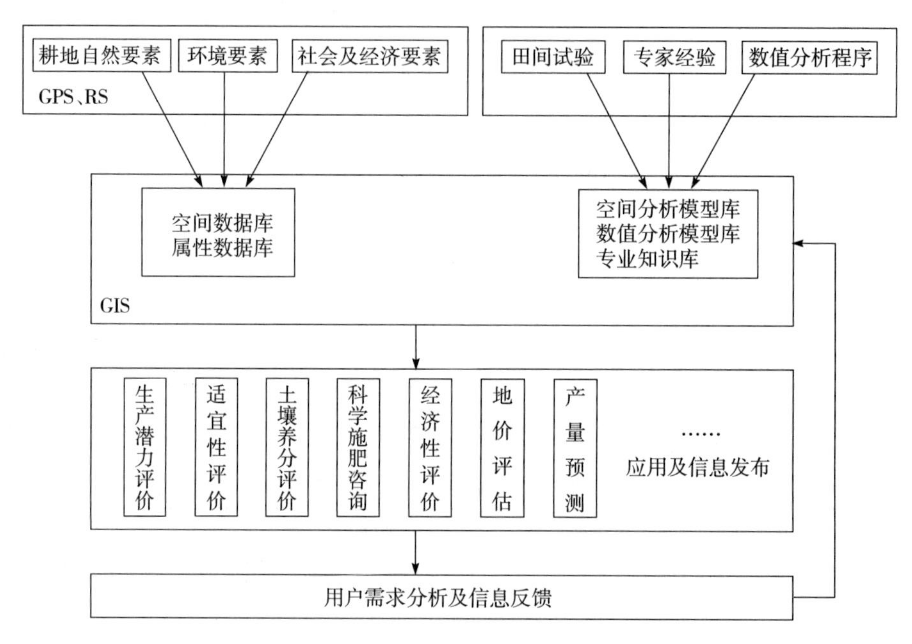

图 2-3 耕地资源管理信息系统结构

2. 县域耕地资源管理信息系统建立工作流程 见图 2-4。

3. CLRMIS、硬件配置

(1) 硬件：P5 及其兼容机，≥1G 的内存，≥20G 硬盘，≥256M 的显存，A4 扫描仪，彩色喷墨打印机。

(2) 软件：Windows 2000/XP，Excel 2000/XP 等。

二、资料收集与整理

(一) 图件资料收集与整理

图件资料指印刷的各类地图、专题图以及商品数字化矢量和栅格图。图件比例尺为 1∶50 000 和 1∶10 000。

(1) 地形图：统一采用中国人民解放军总参谋部测绘局测绘的地形图。由于近年来公路、水系、地形地貌等变化较大，因此采用水利、公路、规划、国土等部门的有关最新图

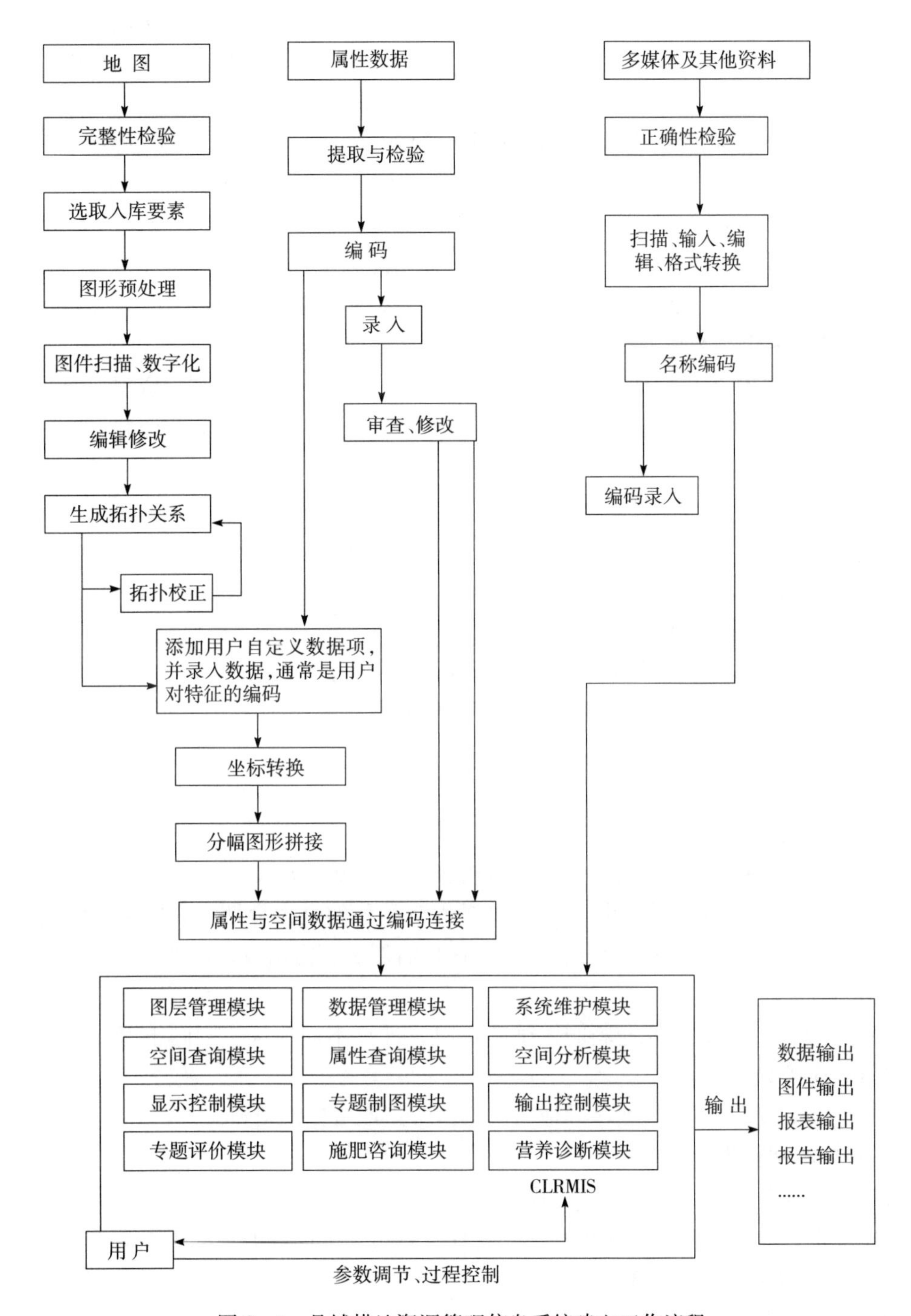

图 2-4　县域耕地资源管理信息系统建立工作流程

件资料对地形图进行修正。

（2）行政区划图：由于近年撤乡并镇等工作致使部分地区行政区划变化较大，因此按最新行政区划进行修正，同时注意名称、拼音、编码等的一致。

（3）土壤图及土壤养分图：采用第二次土壤普查成果图。

（4）基本农田保护区现状图：采用国土局最新划定的基本农田保护区图。

（5）地貌类型分区图：根据地貌类型将辖区内农田分区，采用第二次土壤普查分类系统绘制成图。

（6）土地利用现状图：现有的土地利用现状图。

（7）主要污染源点位图：调查本地可能对水体、大气、土壤形成污染的矿区、工厂等，并确定污染类型及污染强度，在地形图上准确标明位置及编号。

（8）土壤肥力监测点点位图：在地形图上标明准确位置及编号。

（9）土壤普查土壤采样点点位图：在地形图上标明准确位置及编号。

（二）数据资料收集与整理

（1）基本农田保护区一级、二级地块登记表，国土局基本农田划定资料。

（2）其他有关基本农田保护区划定统计资料，国土局基本农田划定资料。

（3）近几年粮食单产、总产、种植面积统计资料（以村为单位）。

（4）其他农村及农业生产基本情况资料。

（5）历年土壤肥力监测点田间记载及化验结果资料。

（6）历年肥情点资料。

（7）县、乡、村名编码表。

（8）近几年土壤、植株化验资料（土壤普查、肥力普查等）。

（9）近几年主要粮食作物、主要品种产量构成资料。

（10）各乡历年化肥销售、使用情况。

（11）土壤志、土种志。

（12）特色农产品分布、数量资料。

（13）主要污染源调查情况统计表（地点、污染类型、方式、强度等）

（14）当地农作物品种及特性资料，包括各个品种的全生育期、大田生产潜力、最佳播期、移栽期、播种量、栽插密度、百千克籽粒需氮量、需磷量、需钾量等，及品种特性介绍。

（15）一元、二元、三元肥料肥效试验资料，计算不同地区、不同土壤、不同作物品种的肥料效应函数。

（16）不同土壤、不同作物基础地力产量占常规产量比例资料。

（三）文本资料收集与整理

（1）全区及各乡（镇）基本情况描述。

（2）各土种性状描述，包括其发生、发育、分布、生产性能、障碍因素等。

（四）多媒体资料收集与整理

（1）土壤典型剖面照片。

（2）土壤肥力监测点景观照片。

（3）当地典型景观照片。

（4）特色农产品介绍（文字、图片）。

（5）地方介绍资料（图片、录像、文字、音乐）。

三、属性数据库建立

（一）属性数据内容

CLRMIS 主要属性资料及其来源见表 2-9。

表 2-9　CLRMIS 主要属性资料及其来源

编号	名　　称	来　　源
1	湖泊、面状河流属性表	水利局
2	堤坝、渠道、线状河流属性数据	水利局
3	交通道路属性数据	交通局
4	行政界线属性数据	农业局
5	耕地及蔬菜地灌溉水、回水分析结果数据	农业局
6	土地利用现状属性数据	国土局、卫星图片解译
7	土壤、植株样品分析化验结果数据表	本次调查资料
8	土壤名称编码表	土壤普查资料
9	土种属性数据表	土壤普查资料
10	基本农田保护块属性数据表	国土局
11	基本农田保护区基本情况数据表	国土局
12	地貌、气候属性表	土壤普查资料
13	县乡村名编码表	统计局

（二）属性数据分类与编码

数据的分类编码是对数据资料进行有效管理的重要依据。编码的主要目的是节省计算机内空间，便于用户理解使用。地理属性进入数据库之前进行编码是必要的，只有进行了正确的编码，空间数据库与属性数据库才能实现正确连接。编码格式有英文字母与数学组合。本系统主要采用数字表示的层次型分类编码体系，它能反映专题要素分类体系的基本特征。

（三）建立编码字典

数据字典是数据库应用设计的重要内容，是描述数据库中各类数据及其组合的数据集合，也称元数据。地理数据库的数据字典主要用于描述属性数据，它本身是一个特殊用途的文件，在数据库整个生命周期里都起着重要的作用。它避免重复数据项的出现，并提供了查询数据的唯一入口。

（四）数据库结构设计

属性数据库的建立与录入可独立于空间数据库和 GIS 系统，可以在 Access、dBase、Foxbase 和 Foxpro 下建立，最终统一以 dBase 的 dbf 格式保存入库。下面以 dBase 的 dbf 数据库为例进行描述。

1. 湖泊、面状河流属性数据库 lake. dbf

字段名	属性	数据类型	宽度	小数位	量纲
lacode	水系代码	N	4	0	代码
laname	水系名称	C	20		
lacontent	湖泊储水量	N	8	0	万立方米
laflux	河流流量	N	6		立方米/秒

2. 堤坝、渠道、线状河流属性数据 stream. dbf

字段名	属性	数据类型	宽度	小数位	量纲
ricode	水系代码	N	4	0	代码
riname	水系名称	C	20		
riflux	河流、渠道流量	N	6		立方米/秒

3. 交通道路属性数据库 traffic. dbf

字段名	属性	数据类型	宽度	小数位	量纲
rocode	道路编码	N	4	0	代码
roname	道路名称	C	20		
rograde	道路等级	C	1		
rotype	道路类型	C	1	（黑色/水泥/石子/土地）	

4. 行政界线（省、市、县、乡、村）属性数据库 boundary. dbf

字段名	属性	数据类型	宽度	小数位	量纲
adcode	界线编码	N	1	0	代码
adname	界线名称	C	4		

adcode	name
1	国界
2	省界
3	市界
4	县界
5	乡界
6	村界

5. 土地利用现状属性数据库* landuse. dbf

字段名	属性	数据类型	宽度	小数位	量纲
lucode	利用方式编码	N	2	0	代码
luname	利用方式名称	C	10		

*土地利用现状分类表。

6. 土壤属性数据表* soil. dbf

字段名	属性	数据类型	宽度	小数位	量纲
sgcode	土种代码	N	4	0	代码
stname	土类名称	C	10		
ssname	亚类名称	C	20		
skname	土属名称	C	20		

sgname	土种名称	C	20
pamaterial	成土母质	C	50
profile	剖面构型	C	50

＊土壤系统分类表。

土种典型剖面有关属性数据：

text	剖面照片文件名	C	40
picture	图片文件名	C	50
html	HTML 文件名	C	50
video	录像文件名	C	40

7. 土壤养分（pH、有机质、氮等）**属性数据库 nutr＊＊＊＊.dbf**　本部分由一系列的数据库组成，视实际情况不同有所差异，如在盐碱土地区还包括盐分含量及离子组成等。

（1）pH 库 nutrph. dbf：

字段名	属性	数据类型	宽度	小数位	量纲
code	分级编码	N	4	0	代码
number	pH	N	4	1	

（2）有机质库 nutrom. dbf：

字段名	属性	数据类型	宽度	小数位	量纲
code	分级编码	N	4	0	代码
number	有机质含量	N	5	2	百分含量

（3）全氮量库 nutrN. dbf：

字段名	属性	数据类型	宽度	小数位	量纲
code	分级编码	N	4	0	代码
number	全氮含量	N	5	3	百分含量

（4）速效养分库 nutrP. dbf：

字段名	属性	数据类型	宽度	小数位	量纲
code	分级编码	N	4	0	代码
number	速效养分含量	N	5	3	毫克/千克

8. 基本农田保护块属性数据库 farmland. dbf

字段名	属性	数据类型	宽度	小数位	量纲
plcode	保护块编码	N	7	0	代码
plarea	保护块面积	N	4	0	亩
cuarea	其中耕地面积	N	6		
eastto	东至	C	20		
westto	西至	C	20		
sorthto	南至	C	20		
northto	北至	C	20		
plperson	保护责任人	C	6		

plgrad	保护级别	N	1		

9. 地貌*、气候属性表 landform. dbf

字段名	属性	数据类型	宽度	小数位	量纲
landcode	地貌类型编码	N	2	0	代码
landname	地貌类型名称	C	10		
rain	降水量	C	6		

* 地貌类型编码表。

10. 基本农田保护区基本情况数据表（略）

11. 县、乡、村名编码表

字段名	属性	数据类型	宽度	小数位	量纲
vicodec	单位编码-县内	N	5	0	代码
vicoden	单位编码-统一	N	11		
viname	单位名称	C	20		
vinamee	名称拼音	C	30		

（五）数据录入与审核

数据录入前仔细审核，数值型资料注意量纲、上下限，地名应注意汉字多音字、繁简体、简全称等问题，审核定稿后再录入。录入后仔细检查，保证数据录入无误后，将数据库转为规定的格式（dBase 的 dbf 文件格式文件），再根据数据字典中的文件名编码命名后保存在规定的子目录下。

文字资料以 TXT 格式命名保存，声音、音乐以 WAV 或 MID 文件保存，超文本以 HTML 格式保存，图片以 BMP 或 JPG 格式保存，视频以 AVI 或 MPG 格式保存，动画以 GIF 格式保存。这些文件分别保存在相应的子目录下，其相对路径和文件名录入相应的属性数据库中。

四、空间数据库建立

（一）数据采集的工艺流程

在耕地资源数据库建设中，数据采集的精度直接关系到现状数据库本身的精度和今后的应用，数据采集的工艺流程是关系到耕地资源信息管理系统数据库质量的重要基础工作。因此，对数据的采集制定了一个详尽的工艺流程。首先，对收集的资料进行分类检查、整理与预处理；其次，按照图件资料介质的类型进行扫描，并对扫描图件进行扫描校正；再次，进行数据的分层矢量化采集、矢量化数据的检查；最后，对矢量化数据进行坐标投影转换与数据拼接工作以及数据、图形的综合检查和数据的分层与格式转换。

具体数据采集的工艺流程见图 2－5。

（二）图件数字化

1. 图件的扫描 由于所收集的图件资料为纸介质的图件资料，所以采用灰度法进行扫描。扫描的精度为 300dpi。扫描完成后将文件保存为 *.TIF 格式。在扫描过程中，为了能够保证扫描图件的清晰度和精度，对图件先进行预扫描。在预扫描过程中，检查扫描

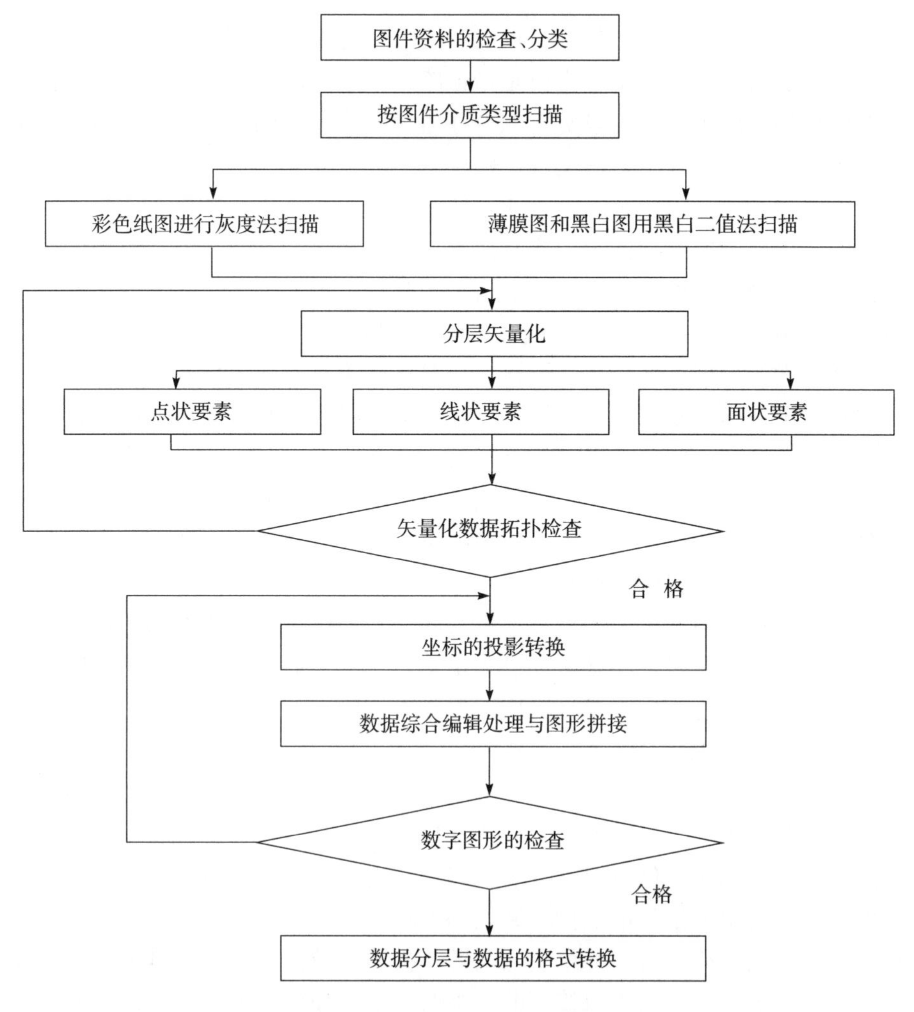

图 2-5　数据采集的工艺流程

图件的清晰度，其清晰度必须能够区分图内的各要素，然后利用 Lontex Fss8300 扫描仪自带的 CAD image/scan 扫描软件进行角度校正，角度校正后必须保证图幅下方两个内图廓点的连线与水平线的角度误差小于 0.2°。

2. 数据采集与分层矢量化　对图形的数字化采用交互式矢量化方法，确保图形矢量化的精度。在耕地资源信息系统数据库建设中需要采集的要素有点状要素、线状要素和面状要素。由于所采集的数据种类较多，所以必须对所采集的数据按不同类型进行分层采集。

(1) 点状要素的采集：可以分为两种类型，一种是零星地类，另一种是注记点。零星地类包括一些有点位的点状零星地类和无点位的零星地类。对于有点位的零星地类，在数据的分层矢量化采集时，将点标记置于点状要素的几何中心点；对于无点位的零星地类在分层矢量化采集时，将点标记置于原始图件的定位点。农化点位、污染源点位等注记点的采集按照原始图件资料中的注记点，在矢量化过程中一一标注相应的位置。

（2）线状要素的采集：在耕地资源图件资料上的线状要素主要有水系、道路、带有宽度的线状地物界、地类界、行政界线、权属界线、土种界、等高线等，对于不同类型的线状要素，进行分层采集。线状地物主要是指道路、水系、沟渠等，线状地物数据采集时考虑到有些线状地物，由于其宽度较宽，如一些较大的河流、沟渠，它们在地图上可以按照图件资料的宽度比例表示为一定的宽度，则按其实际宽度的比例在图上表示；有些线状地物，如一些道路和水系，由于其宽度不能在图上表示，在采集其数据时，则按栅格图上的线状地物的中轴线来确定其在图上的实际位置。对地类界、行政界、土种界和等高线数据的采集，保证其封闭性和连续性。线状要素按照其种类不同分层采集、分层保存，以备数据分析时进行利用。

（3）面状要素的采集：面状要素要在线状要素采集后，通过建立拓扑关系形成区后进行。由于面状要素是由行政界线、权属界线、地类界线和一些带有宽度的线状地物界等结状要素所形成的一系列的闭合性区域，其主要包括行政区、权属区、土壤类型区等图斑。所以对于不同的面状要素，因采用不同的图层对其进行数据的采集。考虑到实际情况，将面状要素分为行政区层、地类层、土壤层等图斑层。将分层采集的数据分层保存。

（三）矢量化数据的拓扑检查

由于在矢量化过程中不可避免地存在一些问题，因此，在完成图形数据的分层矢量化以后，要进行下一步工作时，必须对分层矢量化以后的数据进行矢量化数据的拓扑检查。在对矢量化数据的拓扑检查中主要是完成以下几方面的工作：

1. 消除在矢量化过程中存在的一些悬挂线段 在线状要素的采集过程中，为了保证线段完全闭合，某些线段可能出现相互交叉的情况，这些均属于悬挂线段。在进行悬挂线段的检查时，首先使用 MapGIS 的线文件拓扑检查功能，自动对其检查和清除，如果其不能自动清除，则对照原始图件资料进行手工修正。对线状要素进行矢量化数据检查完成以后，随即由作图员对所矢量化的数据与原始图件资料相对比进行检查，如果在对检查过程中发现有一些通过拓扑检查所不能解决的问题，矢量化数据不符合精度要求的，或者是某些线状要素存在一定的位移而难以校正的，则对其中的线状要素进行重新矢量化。

2. 检查图斑和行政区等面状要素的闭合性 图斑和行政区是反映一个地区耕地资源状况的重要属性，在对图件资料中的面状要素进行数据的分层矢量化采集中，由于图件资料中所涉及的图斑较多，在数据的矢量化采集过程中，有可能存在一些图斑或行政界的不闭合情况，可以利用 MapGIS 的区文件拓扑检查功能，对在面状要素分层矢量化采集过程中所保存的一系列区文件进行适量化数据的拓扑检查。在拓扑检查过程中可以消除大多数区文件的不闭合情况。对于不能自动消除的，通过与原始图件资料的相互检查，消除其不闭合情况。如果通过对矢量化以后的区文件的拓扑检查，可以消除在矢量化过程中所出现的上述问题，则进行下一步工作，如果在拓扑检查以后还存在一些问题，则对其进行重新矢量化，以确保系统建设的精度。

（四）坐标的投影转换与图件拼接

1. 坐标转换 在进行图件的分层矢量化采集过程中，所建立的图面坐标系（单位为毫米），而在实际应用中，则要求建立平面直角坐标系（单位为米）。因此，必须利用 MapGIS 所提供的坐标转换功能，将图面坐标转换成为正投影的大地直角坐标系。在坐标转换过程中，为了能够保证数据的精度，可根据提供数据源的图件精度的不同，在坐标转换过程中，采用不同的质量控制方法进行坐标转换工作。

2. 投影转换 县级土地利用现状数据库的数据投影方式采用高斯投影，也就是将进行坐标转换以后的图形资料，按照大地坐标系的经纬度坐标进行转换，以便以后进行图件拼接。在进行投影转换时，对 1∶10 000 土地利用图件资料，投影的分带宽度为 3°。但是根据地形的复杂程度、行政区的跨度和图幅的具体情况，对于部分图形采用非标准的 3°分带高斯投影。

3. 图件拼接 长治市郊区提供的 1∶10 000 土地利用现状图是采用标准分幅图，在系统建设过程中应图幅进行拼接。在图斑拼接检查过程中，相邻图幅间的同名要素误差应小于 1 毫米，这时移动其任何一个要素进行拼接，同名要素间距在 1～3 毫米的处理方法是将两个要素各自移动一半，在中间部分结合，这样图幅拼接完全满足了精度要求。

五、空间数据库与属性数据库的连接

MapGIS 系统采用不同的数据模型分别对属性数据和空间数据进行存储管理，属性数据采用关系模型，空间数据采用网状模型。两种数据的连接非常重要。在一个图幅工作单元 Coverage 中，每个图形单元由一个标识码来唯一确定。同时一个 Coverage 中可以若干个关系数据库文件即要素属性表，用以完成对 Coverage 的地理要素的属性描述。图形单元标识码是要素属性表中的一个关键字段，空间数据与属性数据以此字段形成关联，完成对地图的模拟。这种关联是 MapGIS 的两种模型联成一体，可以方便地从空间数据检索属性数据或者从属性数据检索空间数据。

对属性与空间数据的连接采用的方法是：在图件矢量化过程中，标记多边形标识点，建立多边形编码表，并运用 MapGIS 将用 Foxpro 建立的属性数据库自动连接到图形单元中，这种方法可由多人同时进行工作，速度较快。

第三章　耕地土壤属性

第一节　耕地土壤类型

一、土壤类型及分布

根据山西省第二次土壤普查土壤工作分类，长治市郊区土壤分为三大土类，6 个亚类，11 个土属，11 个土种。其分布受地形、地貌、水文、地质条件影响，随地形呈明显变化。本次评价主要是耕地土壤，包括褐土、潮土、粗骨土三大土类；褐土、褐土性土、石灰性褐土、潮土、脱潮土和粗骨土 6 个亚类中的 8 个土种进行评价叙述。具体分布见表3-1。

表 3-1　长治市郊区土壤分布状况

土类	面积（亩）	亚类面积（亩）	分　　布
潮土	18 287.18 (11.30)	潮土（10 733.15）	分布在大辛庄镇、堠北庄镇、黄碾镇、老顶山镇、马厂镇
		脱潮土（7 554.03）	
粗骨土	2 809.09 (1.74)	粗骨土 (2 809.09)	分布在大辛庄镇、老顶山镇、马厂镇
褐土	140 692.43 (86.96)	褐土（8 407.25）	分布在全区各个乡（镇）
		褐土性土（57 357.37）	
		石灰性褐土（74 927.81）	
三大土类	161 788.7	—	—

二、土壤类型特征及主要生产性能

（一）褐土

长治市郊区褐土的主要特征是：土层深厚，土质较均匀，颜色为灰褐、黄褐、棕褐和深褐等；剖面中具有不同程度的黏化现象和层积层，全剖面呈微碱性反应，碳酸钙含量较高；土体结构除表层为屑粒状外，一般均为块状，耕性通常良好；有机质含量为 1.2 克/千克，全氮为 0.99 克/千克，全磷为 0.61 克/千克，代换量为 17.15me/百克土，pH 为 8.05，碳酸钙为 6.94%。

长治市郊区褐土按其形成特征可分为褐土、石灰性褐土、褐土性土 3 个亚类，现分别叙述如下：

1. 褐土　褐土主要分布在长治市郊区的东部、海拔为 1 100～1 378 米的地区，面积有 8 407.25 亩，占总耕地面积的 5.20%。该区地势较高，雨量较多，自然植被覆盖较好，主要生长有黄刺玫、蒿属、白草、狗尾草等耐旱、耐瘠薄的灌丛草，覆盖率阴坡可达

70%～90%，阳坡达 50%～60%。土壤母质主要是黄土和石灰岩、砂页岩的风化物。

长治市郊区褐土的自然土壤地表常有少量的枯枝落叶层，其下为较薄的半腐熟枯枝落叶层；质地一般为沙壤至轻壤，颜色一般为棕褐色，剖面中有黏粒移动现象，碳酸钙移动淀积明显，剖面通体呈石灰反应，心土层有假菌丝体和碳酸钙结核。据分析有机质含量为 23.70 克/千克，全氮为 0.97 克/千克，全磷为 0.44 毫克/千克，碳酸钙为 6.65%，代换量为 14.50me/百克土，pH 为 7.9。

根据母质类型、土层厚度和农业利用状况，该亚类划分为 1 个土属，黄土状褐土。

黄土状褐土：黄土状褐土是褐土中重要的农业土壤，主要分布在老顶山开发区、老顶山镇壶口山沿一带。由于所处地形较高，坡度较大，地块零碎，水土流失严重。面积为 8 407.25亩，占总耕地面积的 5.20%。该土属的母质为马兰黄土，土层较厚，土体中富含碳酸盐，在剖面中可以看到较多的假菌丝体，一般耕种历史较短。根据质地，该土属划分为 1 个土种即浅黏绵垆土。

典型剖面采自老顶山开发区老巴山村，海拔为 1 010 米，黄土母质。自然植被有狗尾草、黄蒿等草本植物。一年一作制，主要种植山药、谷子等。

其剖面形态特征如下：

0～20 厘米：黄褐色，质地中壤，屑粒状结构，多植物根系，有料姜和石块，石灰反应强烈。

20～40 厘米：淡褐色，质地中壤，屑粒状和碎块状结构并存，较紧实，少植物根系，有料姜、煤块侵入体，石灰反应强烈。

40～79 厘米：淡褐色，质地重壤，碎块状结构，极少量植物根系，土体紧实，有料姜侵入，石灰反应强烈。

79～104 厘米：淡棕色，质地重壤、块粒状结构，有小料姜分布，其含量小于 2%，石灰反应强烈。

104～131 厘米：淡棕色，质地重壤，块状结构，土体紧实，有假菌丝体，有小料姜，其含量小于 2%，石灰反应强烈。

131～150 厘米：棕褐色，质地中壤，块状结构，土体紧实，有假菌丝体，其含量达 15%，石灰反应剧烈。

该土种应做好水土保持工作，多施有机肥，多种绿肥；做到精耕细作，提高土壤肥力，是这种土壤提高产量的有效途径。

2. 石灰性褐土　石灰性褐土主要分布于长治市郊区的广大地区，面积为 74 927.81 亩，占总耕地面积的 46.31%。主要分布在大辛庄、马厂、堠北庄、黄碾等乡（镇）及壶口、西白兔乡的丘间盆地和漳河的二级阶地上。由于所处地形较平坦，侵蚀轻微，加之高温、高湿同时发生，植物生长较为茂盛。土壤中理化作用较强，植物根系分泌排出二氧化碳，溶解于土壤水分中形成较多的碳酸，从而促使土壤中原生矿物分解、增加了土壤黏粒，并随着雨水淋至下层；但淋溶作用不强，一般淋溶至地表以下 30～50 厘米处，出现黏化层。同时，由于土壤中含有较多的碳酸钙，受水分的淋溶、下渗和蒸发的影响，在土体的中下层，沿根孔、虫穴，凝结成粉状、斑状淀积下来，呈现白色假菌丝体，或钙积层，石灰反应强烈。

石灰性褐土归纳起来，具有以下几个特点：

①地势平坦，土体深厚。表层质地为轻壤-中壤，心土层以下黏粒含量较高，质地重壤，一般表层质地物理性黏粒＜10%，心土层物理性黏粒为13%～15%，底土层物理性黏粒为15%以上。

②土壤发育较好。成土过程不受地下水影响，黏化、钙积较为明显。黏化层一般出现在心土层，离地面70厘米左右，颜色为浅褐色，质地比上、下层黏粒大20%左右，厚度为20～30厘米，黏化层的上、下有白色的假菌丝体出现，全剖面石灰反应强烈。呈微碱性反应，pH为8.0～8.2。

③耕作历史悠久，熟化程度高，土壤养分含量较高。耕层养分平均含量为：有机质21.60克/千克，全氮3.0克/千克，速效磷12.7克/千克，速效钾121.3毫克/千克。

④土壤结构较好，土体无障碍层次，易耕作，宜耕期长，是农业上较好的土壤。

⑤土壤母质多属黄土的洪积、冲积物。

根据石灰性褐土的母质类型和农业利用情况，划分为2个土属，黄土状石灰性褐土和洪积石灰性褐土。下面按土属土种叙述其形态特征。

（1）黄土状石灰性褐土：黄土状石灰性褐土是石灰性褐土亚类中面积最大、分布较广的一种耕地土壤，主要分布于大辛庄、漳移、堠北庄、故漳、马厂等地区，面积55 994.43亩，占总耕地面积的34.61%。该土属由于是农田用地，自然植被基本看不到，只有在路旁、渠道旁能看到少量的自然植被，其植物主要有太阳花、角蒿等。

本土属发育在第四纪黄土母质上，土壤侵蚀轻微，土体上下有较明显的发育层次，土壤颜色一般为棕褐色；表层质地一般是轻壤-中壤，心土层以下质地中壤-重壤。表层有机质含量为20.0～25.0克/千克心土层以下有机质含量为10.0～15.0克/千克。耕作层以下常有较紧实的厚度约10厘米的犁底层。土体中有白色的假菌丝体，全剖面石灰反应强烈。根据土壤质地和农业利用情况，只有1个土种，为二合深黏黄垆土。

典型剖面采自马厂镇安阳村之北，海拔890米，自然植被有蒿草、田旋花、小车前、远志等草本植物。种植作物为玉米、谷子、小麦、山药等，一年两作或两年三作。其剖面形态特征如下：

0～24厘米：暗褐色，质地轻壤，有少量的团粒结构和多量的屑粒状结构，土体疏松，孔隙大，多植物根系，石灰反应强烈。

24～34厘米：黄褐色，质地中壤，碎块状结构，土体紧实，孔隙小，中量植物根系，石灰反应强烈。

34～97厘米：灰褐色，质地重壤，块状结构，土体紧实，有少量假菌丝体，少量植物根系，石灰反应强烈。

97～150厘米：褐色，质地中壤，块状结构，土体紧实，有少量假菌丝体和极少量植物根系，石灰反应强烈。

上述剖面通体有煤渣侵入体。

（2）洪积石灰性褐土：洪积石灰性褐土呈复域分布，面积为18 933.38亩，占总耕地面积的11.70%。

洪积石灰性褐土主要分布在故漳、马厂、漳移、小常等地区，呈条带状分布。表层质地多为轻壤-中壤，心土层以下质地较黏重，多为棱块状结构，石灰反应强烈，呈微碱性反应。根据土壤质地和土体构型可划分为 1 个土种，为洪黄垆土。

典型剖面选自马厂镇马厂村，其剖面形状特征如下：

0～22 厘米：褐色，质地中壤，团粒结构，土体松，多孔隙，多植物根系，石灰反应较强。

22～33 厘米：暗褐色，质地中壤偏重壤，碎块状结构，土体紧实，孔隙少，中量植物根系，石灰反应强烈。

33～113 厘米：红褐色，质地中壤，棱块状结构，土体紧实，孔隙少，土体中有不同程度的料姜，其含量 10%左右，少量根系，石灰反应强烈。

113～150 厘米：红褐色，质地中壤，棱块状结构，土体紧实，孔隙少，土体中有少量的假菌丝体，石灰反应强烈。

上述剖面通体有料姜、炉渣等侵入体，土壤容重分别为 1.3 克/立方厘米、1.47 克/立方厘米、1.4 克/立方厘米、1.5 克/立方厘米。

根据上述剖面的分析，此土属具有以下 3 个特点：

①表层质地一般中壤，耕层以下质地比较黏重。

②由于土体紧实，容重大，代换量高，保肥持水性强，但通气透水性差、温差变动小，增温慢，微生物活动弱，土壤养分含量较黄土状碳酸盐褐土低。

③通体有石灰反应，pH 为 7.8～8.1。

3. 褐土性土　褐土性土广泛分布在黄土丘陵地带，主要分布在长治市郊区的老顶山、黄碾、马厂和西白兔等地，海拔 1 000 米以下的丘陵山区。面积为 57 357.37 亩，占总耕地面积的 35.45%。

褐土性土所分布的地区，地势较高，沟壑纵横交错，水土流失比较严重，自然植被稀少，只有在沟岸、沟谷、荒地有少量植被。主要有旱生的酸枣、白草、蒿类等。土壤熟化程度较差，有机质含量低。虽大部分已垦为梯田，但仍有不同程度的侵蚀。成土过程不稳定影响了该土的发育，在整个剖面中，黏化现象不显著，无明显的发育特征，除表层外，母质特征较明显。

褐土性土一般发育在第四纪黄土或黄土状母质上，土层深厚，土质疏松多孔，通透性较好，质地均匀，一般为轻壤-重壤，发育在洪积母质上的土壤质地偏轻。心土层中有白色的假菌丝体，部分夹有料姜，石灰反应强烈，呈微碱性反应。土体中常有砾石块和次生的料姜侵入，无层理。

褐土性土一般肥力较低，据分析化验，有机质为 17.20 克/千克，全氮为 0.88 克/千克，全磷为 0.58 毫克/千克，代换量为 14.11me/百克土，pH 为 8.03。根据土壤母质和农业利用情况，褐土性土可划分为 5 个土属：红黄土质褐土性土、洪积褐土性土、黄土质褐土性土、灰泥质褐土性土和沙泥质褐土性土。

（1）黄土质褐土性土：黄土质褐土性土是褐土性土亚类中面积最大、分布较广的土壤。主要分布于长治市郊区老顶山、黄碾、马厂、故漳和西白兔等地，面积为 14 597.45 亩、占总耕地面积的 9.02%。

黄土质褐土性土发育在第四纪黄土母质上，在不同程度的侵蚀下，成土作用较弱，故土体上下无明显发育。但土壤疏松多孔，质地多为轻壤-中壤。由于所处的地形部位较高，地面起伏大，地表径流较强，水土流失严重。表现为不同程度的切沟，地块破碎；地下水位深，土体干旱，地面覆盖率差，剖面形态为灰棕或淡黄色，碎块状结构，呈微碱性反应。本土属根据质地和含料姜情况，划分为1个土种，为耕二合立黄土。

典型剖面采自故南村，其形态特征如下：

0～18厘米：黄褐色，质地轻壤、有少量的团粒状结构和屑粒状结构，土体疏松，多孔隙，多植物根系，石灰反应强烈。

18～25厘米：黄褐色，质地轻壤，块状结构，土体较松，有少量的假菌丝体，并有少量料姜侵入，中量植物根系，石灰反应强烈。

25～65厘米：褐色、质地重壤，块状结构，土体紧实，有少量的料姜石，石灰反应强烈。

65～100厘米：浅褐色，质地重壤，块状结构，土体紧实，有少量的料姜石，石灰反应强烈。

（2）红黄土质褐土性土：红黄土质褐土性土与黄土质褐土性土常呈复域存在。发育在长期侵蚀而裸露出的第四纪老黄土层上，土色红棕色，呈微碱性，土壤质地较黏重、致密，土体通透性差，孔隙少，多为棱块状结构，土体中有铁锰胶膜，微生物活动微弱，植被覆盖差，地表径流大。

红黄土质褐土性土分布于老顶山的林场、西白兔和黄碾等地，面积为18 648.99亩，呈零星分布，占总耕地面积的11.54%。根据质地的不同，可划分为耕二合红立黄土1个土种。

该土种的特点是土壤质地黏重，透水性与保水性都差，养分含量低，产量也低。典型剖面采自西白兔乡史家庄村的村西北坡地上，其形态特征如下：

0～15厘米：黄褐色，质地中壤，碎块状结构，土体松，多植物根系，石灰反应强烈。

15～68厘米：棕褐色，质地重壤，碎块状结构，土体较紧实，少植物根系，石灰反应较弱。

68～80厘米：红棕褐色，质地重壤，棱块状结构，土体紧实，有少量假菌丝体，石灰反应很微弱。

80～150厘米：红褐色，质地重壤，棱块状结构，土体紧实，有中量假菌丝体，石灰反应很微弱。

该土种应加强以工程措施和生物措施并举的水土保持工作，增施有机肥和种植绿肥，以提高土壤的肥力，增加产量。

（3）洪积褐土性土：洪积褐土性土主要分布于老顶山镇、西白兔乡和老顶山开发区等地，面积为23 740.79亩，占总耕地面积的14.67%。土层较薄，地形起伏变化大，质地较粗，一般为轻壤-中壤。土体有大小不匀的砾石含量，耕性差。层理不明显，土体同母质特征基本相似，上下均匀，剖面层次特征难以区别，只能从植物根系多少和松紧度及砾石的含量进行区分，质地均为轻壤偏中壤。

典型剖面采自老顶山镇漳头村西，其形态特征如下：

0～18 厘米：黄褐色，质地轻壤偏中，屑粒状结构，土体较松，土体中有少量砾石侵入，多植物根系，石灰反应较强。

18～33 厘米：黄褐色，质地轻壤偏中，碎块状结构，土体紧实，土体中有少量的砾石块，少植物根系，石灰反应强烈。

33～46 厘米：淡褐色，质地中壤，碎块状结构，土体紧实，有少量的砾石块侵入，少植物根系，石灰反应强烈。

46～68 厘米：为砾石层。

68～150 厘米：淡褐色，质地中壤，碎块状结构，土体紧实，有中量的假菌丝体，石灰反应强烈。

应加强平田整地，剔除砾石，增施有机肥和种植绿肥，提高土壤肥力。

（4）灰泥质褐土性土：灰泥质褐土性土主要分布在长治市郊区的东部老顶山一带，面积约为 233.50 亩，占总耕地面积的 0.14%。它发育于石灰岩的残积坡积物上，该土属一般土层浅薄，土质较粗，水分条件差，在坡积的中部和下部土层较厚。自然植被和人造林生长较好，本土属根据不同厚度和砾石含量划分 1 个典型土种，即耕灰泥质立黄土。

（5）沙泥质褐土性土：沙泥质褐土性土分布于西白兔小寒山一带，面积为 136.64 亩，占总耕地面积的 0.08%。土体很薄，仅 15 厘米左右。自然植被为灌荒地，主要有荆条、黄刺玫、虎榛子等草灌植物。由于植被差，所以土壤侵蚀严重。

典型剖面采自西白兔乡的小寒山，其形态特征如下：

0～1 厘米：枯枝落叶层。

1～10 厘米：褐黄色，质地为轻壤，屑粒状结构，土体松散，石灰反应较弱。

10～14 厘米：黄褐色，质地沙土，粒状结构，土体松散，有少植物根系，有沙砾石块，石灰反应较弱。

14 厘米以下：半风化物和基岩层。

（二）潮土

潮土是受生物气候影响较小，而受地下水影响较大的一种隐域性土壤。此土主要分布于漳河两岸的河滩和一级阶地，以及洪积扇与倾斜平原的交接洼地等地区，面积为 18 287.18亩，占总耕地面积 11.30%。该土类大部分为农田，而且是重要的农业土壤。潮土是直接受地下水浸润，在草甸植被下发育而成的半水成土壤，故又称为隐域性土壤。潮土的形成过程包括两个方面：一方面是地面生长草类植物，形成土壤有机质的积累；另一方面，地下水位较浅，土层下部直接受地下水的浸润，在季节性氧化还原交替过程中，土体中出现锈纹锈斑。本区潮土大部分为农田，一般没有腐殖质层，不够典型。自然植被在地头路边可见到一些稗草、薄荷、田旋花、大车前、野大豆、水田芥、黄花、草木樨、芦草等喜湿性杂草。

潮土的形成与特征可归纳以下几个特点：

①受季节性的影响，氧化还原交替进行。由于所处地势较低，地下水埋藏较浅，一般为 1～3 米，个别地方呈季节性的积水。地下水直接参与土壤的形成过程，在降水季节，地下水位抬高；而在干旱季节，地下水位又下降。在干旱与湿润交替进行的过程中，土壤中的铁锰化合物发生移动或局部淀积，在心土层或底土层出现锈纹锈斑。

②受耕作影响，有机质积累不多。由于人为的生产活动，使潮土不受植被的影响，在耕作措施粗放、施肥量不多加之土壤中风化、矿化作用较强，土壤有机质含量不高。同时因历年犁耕深度基本一致、在耕层以下常有坚实的犁底层，一般厚约 10 厘米，影响了作物根系的发育和对养分、水分的吸收利用。在合理灌溉、增施肥料、合理密植、间作豆类等耕作措施的影响下，土壤熟化较好，有些地块有机质含量较高，可达到 44.60 克/千克。

③受地下水质及母质的影响，土壤含盐较少。由于地下水受季节性影响，加之本土壤的成土母质多为中性石灰岩，地下水的矿化度较低，水质较好，所以本区的潮土含盐极低，一般无盐化现象。

④土壤质地因母质类型和河水流量的不同而多变。其母质多系近代河流冲积沉积物，因河流上游母质不同及距河流远近不同，使沉积的物质错综复杂，粗细相间，质地由沙土至重壤差异较大。又因受河流泛滥的影响，沉积层次明显，其成土过程似属幼年阶段。

⑤土壤水分受当地生物气候带的影响，有较明显的季节性变化。土壤水分大致划分为 3 个时期。从 3 月上旬至 4 月上旬土壤解冻，到 6 月下旬雨季来临之前，这段时间气温逐渐升高，降水很少，而且多风，水分蒸发快，土壤含水量逐渐降低，为水分消耗时期。从 7 月上旬雨季开始到 11 月上旬土壤开始冻结大约 4 个月期间，植物生长旺盛，气温高，水分蒸发很大，但降水集中，不但供应了植物生长吸收水分，而且还弥补了前期的水分亏损，这个时期为水分补给阶段。从 11 月上旬到翌年 4 月，大约 5 个月时间，这一时期土壤呈冻结状态，潜水位有所下降，为冻结时期。根据地下水影响程度的不同，将本土类划分为潮土和脱潮土 2 个亚类。

1. 潮土 潮土是地下水直接参与成土过程，地表有机质矿化较强，积累较少，土壤颜色较浅的一个土壤类型。根据化验分析，这类土壤中的有机质含量，表层一般为 10.0 克/千克左右，仅有个别土种可达 18.0 克/千克以上，这种土壤有机质含量较低，除因矿化作用强之外，还与河流沉积母质的不同及人为开垦时间的长短有关。因为农作物每年要从土壤中带走大量养分而补充不足。

潮土主要发育在河流冲积物上。土体结构层理明显，生物洞孔及植物根系较多。经耕作后，表层孔隙度增高，耕作层疏松多孔；耕层以下常出现较紧实的犁底层，有黏粒下移、淀积之现象；心土层和底土层的质地变化，主要受冲积物沉积的影响，常有锈纹锈斑出现。

潮土主要分布在浊漳河的两岸一级阶地上，面积为 10 733.15 亩，占总耕地面积的 6.63%。根据其土壤质地，土体构型，划分为 1 个土属：冲积潮土，1 个土种：蒙金潮土。

典型剖面采自安居村。其剖面形态特征如下：

0～21 厘米：褐色，质地沙壤，屑粒状结构，土体松，土壤容重为 1.4 克/立方厘米，孔隙大，多植物根系，石灰反应较强。

21～50 厘米：褐色，沙土，粒状结构，少植物根系，土体松，土壤容重为 1.4 克/立方厘米，石灰反应强烈。

50～60 厘米：黄褐色，质地沙土，屑粒状结构，土体较紧实，土壤容重为 1.45 克/立方厘米，少量植物根系，有铁锰胶膜，石灰反应强烈。

60～102 厘米：黑黄色的沙土，土体松散。土壤容重为 1.45 克/立方厘米，土体中有极少量的植物根系，石灰反应强烈。

2. 脱潮土 脱潮土分布在洪积扇和冲积平原的交接洼地，地下水位为 3～6 米。本亚类是随着地下水位的下降，潮土向褐土过渡的一个土壤。分布在土村、西南关、小辛庄、南垂等地，面积为 7 554.03 亩，占总耕地面积的 4.67%。根据农业利用情况，本亚类只有 1 个土属：洪冲积脱潮土，1 个土种：二合洪脱潮土。

典型剖面采自老顶山镇关村的村西，海拔为 918.3 米，地形为局部洼地，地下水位 4 米左右，黄土冲积洪积母质。自然植被主要有芨芨草、狗尾草等草本植物。农作物为一年一作，少数一年两作，主要种植谷子、玉米、小麦等。灌溉条件较好，其剖面形态特征如下：

0～25 厘米：灰褐色，质地轻壤，屑粒状结构，土体较松，土壤容重达 1.3 克/立方厘米，多孔隙和多植物根系，石灰反应较强。

25～37 厘米：黄褐色，质地重壤，块状结构，土体紧实，土壤容重为 1.4 克/立方厘米，小孔隙多，植物根系少，石灰反应强烈。

37～74 厘米：褐色，质地重壤，块状结构，土体紧实，土壤容重为 1.4 克/立方厘米，小孔隙多，有 2%左右的小料姜，植物根系很少，石灰反应较强。

74～124 厘米：灰褐色，质地中壤，柱状结构，土体紧实，土壤容重达 1.5 克/立方厘米左右，小孔隙，小料姜含量小于 2%，石灰反应强烈。

124～150 厘米：暗灰褐色，质地中壤，碎块状结构，土体较紧实，小料姜数量小于 2%，石灰反应弱。

（三）粗骨土

粗骨土的基岩主要是石灰岩，侵蚀严重，岩石裸露，土层极薄，土壤发育很差，土体中的半风化岩石碎屑＞30%。它主要分布在老顶山开发区的陡坡上，呈零星分布。在岩石与岩石之间有少部分土壤，面积为 2 809.09 亩，占总耕地面积的 1.74%。自然植被主要有白草、蒿类、苔藓等植被。其只有 1 个亚类为粗骨土，1 个土属为钙质粗骨土，1 个土种为灰渣土。

典型剖面选自老顶山小龙瑙村的村东，其剖面形态特征如下：

0～1 厘米：枯枝落叶层

1～20 厘米：灰褐色，质地轻壤，屑粒结构，土体紧实，砾石含量 50%～70%，多植物根系，石灰反应强烈。

20 厘米以下：为母岩层。

第二节 有机质及大量元素

土壤大量元素背景值的表达方式以各统计单元养分汇总结果的算术平均值和标准差来表示，分别以单体 N、P、K 表示。表示单位：有机质、全氮用克/千克表示，有效磷、速效钾、缓效钾用毫克/千克表示。

一、含量与分布

土壤有机质、全氮、有效磷、速效钾等以山西省耕地土壤养分含量分级参数表为标准各分 6 个级别，见表 3-2。

表 3-2　山西省耕地地力土壤养分耕地标准

级　　别	Ⅰ	Ⅱ	Ⅲ	Ⅳ	Ⅴ	Ⅵ
有机质（克/千克）	>25.00	20.01～25.00	15.01～20.01	10.01～15.01	5.01～10.01	≤5.00
全氮（克/千克）	>1.50	1.201～1.50	1.001～1.201	0.701～1.001	0.501～0.701	≤0.500
有效磷（毫克/千克）	>25.00	20.01～25.00	15.1～20.01	10.1～15.1	5.1～10.1	≤5.0
速效钾（毫克/千克）	>250	201～250	151～201	101～151	51～101	≤50
缓效钾（毫克/千克）	>1 200	901～1 200	601～901	351～601	151～351	≤150
阳离子代换量（厘摩尔/千克）	>20.00	15.01～20.00	12.01～15.01	10.01～12.01	8.01～10.01	≤8.00
有效铜（毫克/千克）	>2.00	1.51～2.00	1.01～1.51	0.51～1.01	0.21～0.51	≤0.20
有效锰（毫克/千克）	>30.00	20.01～30.00	15.01～20.01	5.01～15.01	1.01～5.01	≤1.00
有效锌（毫克/千克）	>3.00	1.51～3.00	1.01～1.51	0.51～1.01	0.31～0.51	≤0.30
有效铁（毫克/千克）	>20.00	15.01～20.00	10.01～15.01	5.01～10.01	2.51～5.01	≤2.50
有效硼（毫克/千克）	>2.00	1.51～2.00	1.01～1.51	0.51～1.01	0.21～0.51	≤0.20
有效钼（毫克/千克）	>0.30	0.26～0.30	0.21～0.26	0.16～0.21	0.11～0.16	≤0.10
有效硫（毫克/千克）	>200.00	100.1～200	50.1～100.1	25.1～50.1	12.1～25.1	≤12.0
有效硅（毫克/千克）	>250.0	200.1～250.0	150.1～200.1	100.1～150.1	50.1～100.1	≤50.0
交换性钙（克/千克）	>15.00	10.01～15.00	5.01～10.1	1.01～5.01	0.51～1.01	≤0.50
交换性镁（克/千克）	>1.00	0.76～1.00	0.51～0.75	0.31～0.50	0.06～0.30	<0.06

（一）有机质

长治市郊区耕地土壤有机质含量变化为 9.88～26.79 克/千克，平均值为 17.74 克/千克，属省三级水平。见表 3-3。

（1）不同行政区域：马厂镇平均值最高，为 18.77 克/千克；依次是老顶山镇平均值为 17.99 克/千克，大辛庄镇平均值为 17.83 克/千克，西白兔乡平均值为 17.58 克/千克，黄碾镇平均值为 17.18 克/千克，堠北庄镇平均值为 17.16 克/千克。

（2）不同地形部位：河流一级、二级阶地平均值最高，为 17.80 克/千克；依次是丘陵、低山（中、下）部及坡麓平坦地平均值为 17.68 克/千克，低山、丘陵坡地平均值为 17.52 克/千克。

（3）不同土壤类型：潮土最高，平均值为 17.57 克/千克；依次是粗骨土平均值为 17.20 克/千克；最低是褐土，平均值为 16.47 克/千克。

（二）全氮

长治市郊区耕地土壤全氮含量变化为 0.38～1.24 克/千克，平均值为 0.73 克/千克，属省四级水平。见表 3-3。

（1）不同行政区域：堠北庄镇平均值最高，为 0.78 克/千克；依次是西白兔乡平均值为 0.76 克/千克，马厂镇平均值为 0.75 克/千克，老顶山镇平均值为 0.71 克/千克，黄碾镇平均值为 0.70 克/千克，大辛庄镇平均值为 0.68 克/千克。

（2）不同地形部位：低山、丘陵坡地平均值最高，为 0.75 克/千克；依次是河流一级、二级阶地平均值为 0.74 克/千克；最低是丘陵、低山（中、下）部及坡麓平坦地，平均值为 0.71 克/千克。

（3）不同土壤类型：褐土最高，平均值为 0.74 克/千克；依次是潮土平均值为 0.73 克/千克；最低是粗骨土，平均值为 0.69 克/千克。

（三）有效磷

长治市郊区耕地土壤有效磷含量变化为 3.01～31.55 毫克/千克，平均值为 12.89 毫克/千克，属省四级水平。见表 3-3。

（1）不同行政区域：堠北庄镇平均值最高，平均值为 15.39 毫克/千克；依次是老顶山镇平均值为 13.90 毫克/千克，马厂镇平均值为 13.35 毫克/千克，大辛庄镇平均值为 11.90 毫克/千克，黄碾镇平均值为 11.41 毫克/千克，西白兔乡平均值为 9.40 毫克/千克。

（2）不同地形部位：丘陵、低山（中、下）部及坡麓平坦地平均值最高，为 14.47 毫克/千克；依次是河流一级、二级阶地平均值为 13.24 毫克/千克；最低是低山、丘陵坡地平均值为 9.61 毫克/千克。

（3）不同土壤类型：褐土平均值最高，为 16.66 毫克/千克；依次是粗骨土平均值为 14.66 毫克/千克；最低是潮土平均值 13.55 毫克/千克。

（四）速效钾

长治市郊区耕地土壤速效钾含量变化为 107.53～230.04 毫克/千克，平均值为 166.46 毫克/千克，属省三级水平。见表 3-3。

（1）不同行政区域：堠北庄镇平均值最高，平均值为 178.19 毫克/千克；依次是大辛庄镇，平均值为 168.29 毫克/千克；西白兔乡平均值为 166.97 毫克/千克，马厂镇平均值为 164.71 毫克/千克，黄碾镇平均值为 162.37 毫克/千克，老顶山镇平均值为 157.32 毫克/千克。

（2）不同地形部位：河流一级、二级阶地平均值最高，为 169.32 毫克/千克；依次是低山、丘陵坡地平均值为 165.59 毫克/千克；最低是丘陵、低山（中、下）部及坡麓平坦地平均值为 155.47 毫克/千克。

（3）不同土壤类型：褐土平均值最高，为 182.43 毫克/千克；依次是潮土平均值为 170.31 毫克/千克；最低是粗骨土，平均值为 145.68 毫克/千克。

（五）缓效钾

长治市郊区耕地土壤缓效钾含量变化为 517.00～1145.84 毫克/千克，平均值为 895.94 毫克/千克，属省三级水平。见表 3-3。

（1）不同行政区域：堠北庄镇平均值最高，为 956.87 毫克/千克；依次是黄碾镇，平均值为 895.08 毫克/千克；西白兔乡平均值为 885.58 毫克/千克，马厂镇平均值为 877.63 毫克/千克，大辛庄镇平均值为 872.18 毫克/千克，老顶山镇平均值为 868.74 毫克/千克。

表 3-3 长治市郊区大田土壤大量元素分类统计结果

类别		有机质（克/千克）		全氮（克/千克）		有效磷（毫克/千克）		速效钾（毫克/千克）		缓效钾（毫克/千克）	
		平均值	区域值	平均值	区域值	平均值	区域值	平均值	区域值	平均值	区域值
行政区域	堠北庄镇	17.16	12.65～25.23	0.78	0.45～1.17	15.39	7.76～31.55	178.19	127.13～230.04	956.87	760.44～1108.17
	老顶山镇	17.99	12.65～26.79	0.71	0.38～1.24	13.90	4.25～31.55	157.32	107.53～200.00	868.74	700.65～995.17
	大辛庄镇	17.83	13.64～23.31	0.68	0.51～1.01	11.90	6.09～24.39	168.29	127.13～218.42	872.18	517.00～1 070.50
	马厂镇	18.77	9.88～25.45	0.75	0.47～1.02	13.35	5.43～29.94	164.71	127.13～209.71	877.63	700.65～1 032.83
	黄碾镇	17.18	12.32～24.96	0.70	0.43～1.10	11.41	3.01～30.74	162.37	120.60～224.23	895.08	680.72～1 070.50
	西白兔乡	17.58	13.31～23.97	0.76	0.53～1.08	9.40	3.51～18.73	166.97	117.33～218.42	885.58	720.58～1 145.84
土壤类型	潮土	17.57	12.98～24.96	0.73	0.49～1.05	13.55	5.00～31.55	170.31	133.67～230.04	931.46	780.37～1 070.50
	粗骨土	17.20	15.34～20.67	0.69	0.56～0.78	14.66	8.76～29.13	145.68	107.53～167.33	850.70	760.44～899.95
	褐土	16.47	13.31～22.32	0.74	0.55～1.02	16.66	8.43～25.00	182.43	127.13～221.33	945.70	820.23～1 108.17
地形部位	低山、丘陵坡地	17.52	13.31～23.97	0.75	0.53～1.08	9.61	3.51～21.08	165.59	117.33～218.42	885.31	720.58～1 145.84
	河流一级、二级阶地	17.80	9.88～25.45	0.74	0.38～1.17	13.24	3.01～31.55	169.32	120.60～230.04	906.34	517.00～1 108.17
	丘陵、低山（中、下）部及坡麓平坦地	17.68	12.65～26.79	0.71	0.45～1.24	14.47	4.25～31.55	155.47	107.53～200.00	862.75	700.65～995.17

（2）不同地形部位：河流一级、二级阶地平均值最高，为906.34毫克/千克；依次是低山、丘陵坡地平均值为885.31毫克/千克；最低是丘陵、低山（中、下）部及坡麓平坦地平均值为862.75毫克/千克。

（3）不同土壤类型：褐土平均值最高，为945.70毫克/千克；依次是潮土平均值为931.46毫克/千克；最低是粗骨土，平均值为850.70毫克/千克。

二、分级论述

（一）有机质

Ⅰ级　有机质含量大于25.00克/千克，面积为372.11亩，占总耕地面积的0.23%。分布在马厂镇、堠北庄镇、老顶山镇。主要种植小麦、玉米和果树等。

Ⅱ级　有机质含量为20.01～25.00克/千克，面积为23 491.70亩，占总耕地面积的14.52%。分布在大辛庄镇、堠北庄镇、黄碾镇、老顶山镇、马厂镇、西白兔乡。主要种植小麦、玉米和果树等。

Ⅲ级　有机质含量为15.01～20.00克/千克，面积为121 551.85亩，占总耕地面积的75.13%。分布在大辛庄镇、堠北庄镇、黄碾镇、老顶山镇、马厂镇、西白兔乡。主要种植小麦、玉米和果树等。

Ⅳ级　有机质含量为10.01～15.00克/千克，面积为16 308.30亩，占总耕地面积的10.08%。分布在大辛庄镇、堠北庄镇、黄碾镇、老顶山镇、马厂镇、西白兔乡，主要种植小麦、玉米和果树等。

Ⅴ级　有机质含量为5.01～10.00克/千克，面积为64.74亩，占总耕地面积的0.04%。分布在马厂镇，主要种植有小麦、玉米和果树等。

Ⅵ级　全区无分布。

（二）全氮

Ⅰ级　全区无分布。

Ⅱ级　全氮含量为1.201～1.50克/千克，面积为80.89亩，占总耕地面积的0.05%。分布在老顶山镇，主要种植小麦、玉米、中药材和果树等。

Ⅲ级　全氮含量为1.001～1.200克/千克，面积为1 375.20亩，占总耕地面积的0.85%。分布在西白兔乡、黄碾镇、马厂镇、老顶山镇、大辛庄镇、堠北庄镇，主要种植小麦、玉米、中药材和果树等。

Ⅳ级　全氮含量为0.701～1.000克/千克，面积为76 801.10亩，占总耕地面积的47.47%。分布在大辛庄镇、堠北庄镇、黄碾镇、老顶山镇、马厂镇、西白兔乡，主要种植小麦、玉米、中药材和果树等。

Ⅴ级　全氮含量为0.501～0.700克/千克，面积为82 172.48亩，占总耕地面积的50.79%。分布在大辛庄镇、堠北庄镇、黄碾镇、老顶山镇、马厂镇、西白兔乡，主要种植小麦、玉米、中药材和果树等。

Ⅵ级　全氮含量小于等于0.500克/千克，面积为1 359.03亩，占总耕地面积的0.84%。分布在堠北庄镇、黄碾镇、老顶山镇、马厂镇，主要种植小麦、玉米、棉花和果树等。

（三）有效磷

Ⅰ级　有效磷含量大于25.00毫克/千克。面积为2 281.22亩，占总耕地面积的1.41%。分布在堠北庄镇、黄碾镇、老顶山镇、马厂镇，主要种植小麦、玉米、棉花、中药材和果树等。

Ⅱ级　有效磷含量为20.01～25.00毫克/千克。面积为10 532.44亩，占总耕地面积的6.51%。分布在大辛庄镇、堠北庄镇、黄碾镇、老顶山镇、马厂镇，主要种植小麦、玉米、棉花和果树等。

Ⅲ级　有效磷含量为15.1～20.00毫克/千克，面积为34 865.47亩，占总耕地面积的21.55%。分布在大辛庄镇、堠北庄镇、黄碾镇、老顶山镇、马厂镇、西白兔乡，主要种植小麦、玉米、棉花、中药材和果树等。

Ⅳ级　有效磷含量为10.1～15.0毫克/千克。面积为74 568.41亩，占总耕地面积的46.09%。分布在大辛庄镇、堠北庄镇、黄碾镇、老顶山镇、马厂镇、西白兔乡，主要种植小麦、玉米、棉花和果树等。

Ⅴ级　有效磷含量为5.1～10.0毫克/千克。面积为38 586.01亩，占总耕地面积的23.85%。分布在大辛庄镇、堠北庄镇、黄碾镇、老顶山镇、马厂镇、西白兔乡，主要种植小麦、玉米、棉花和果树等。

Ⅵ级　有效磷含量小于等于5.0毫克/千克。面积为954.55亩，占总耕地面积的0.59%。分布在黄碾镇、老顶山镇、西白兔乡，主要种植小麦、玉米、棉花和果树等。

（四）速效钾

Ⅰ级　全区无分布。

Ⅱ级　速效钾含量为201～250毫克/千克，面积为7 053.99亩，占总耕地面积的4.36%。分布在大辛庄镇、堠北庄镇、黄碾镇、马厂镇、西白兔乡，主要种植小麦、玉米、棉花、中药材和果树等。

Ⅲ级　速效钾含量为151～200毫克/千克，面积为136 598.20亩，占总耕地面积的84.43%。分布在大辛庄镇、堠北庄镇、黄碾镇、老顶山镇、马厂镇、西白兔乡，主要种植小麦、玉米、蔬菜和果树。

Ⅳ级　速效钾含量为101～150毫克/千克，面积为18 136.51亩，占总耕地面积的11.21%。分布在大辛庄镇、堠北庄镇、黄碾镇、老顶山镇、马厂镇、西白兔乡，主要种植小麦、玉米和果树等。

Ⅴ级　全区无分布。

Ⅵ级　全区无分布。

（五）缓效钾

Ⅰ级　全区无分布。

Ⅱ级　缓效钾含量为901～1200毫克/千克，面积为66 042.15亩，占总耕地面积的40.82%。分布在大辛庄镇、堠北庄镇、黄碾镇、老顶山镇、马厂镇、西白兔乡，主要种植小麦、玉米、棉花、中药材和果树等。

Ⅲ级　缓效钾含量为601～900毫克/千克，面积为95 568.59亩，占总耕地面积的

59.07%。分布在大辛庄镇、堠北庄镇、黄碾镇、老顶山镇、马厂镇、西白兔乡，主要种植小麦、玉米、蔬菜和果树。

Ⅳ级　缓效钾含量为351～600毫克/千克，面积为177.96亩，占总耕地面积的0.11%。分布在大辛庄镇，主要种植小麦、玉米和果树等。

Ⅴ级　全区无分布。

Ⅵ级　全区无分布。

长治市郊区耕地土壤大量元素分级面积见表3-4。

表3-4　长治市郊区耕地土壤大量元素分级面积

类别		Ⅰ		Ⅱ		Ⅲ		Ⅳ		Ⅴ		Ⅵ	
		百分比（%）	面积（万亩）	百分比（%）	面积（万亩）	百分比（%）	面积（万亩）	百分比（%）	面积（万亩）	百分比（%）	面积（万亩）	百分比（%）	面积（万亩）
耕地土壤	有机质	0.23	0.04	14.52	2.50	75.13	12.16	10.08	1.63	0.04	0.01	0	0
	全氮	0	0	0.05	0.01	0.85	0.14	47.47	7.68	50.79	8.21	0.84	0.14
	有效磷	1.41	0.23	6.51	1.05	21.55	3.48	46.09	7.45	23.85	3.85	0.59	0.10
	速效钾	0	0	4.36	0.71	84.43	13.66	11.21	1.81	0	0	0	0
	缓效钾	0	0	40.82	6.60	59.07	9.56	0.11	0.02	0	0	0	0

第三节　中量元素

中量元素背景值的表达方式以各统计单元养分汇总结果的算术平均值和标准差来表示。以单位体S表示，表示单位：用毫克/千克来表示。

由于有效硫目前全国范围内仅有酸性土壤临界值，而长治市郊区土壤属石灰性土壤，没有临界值标准。因而只能根据养分含量的具体情况进行级别划分，分6个级别，见表3-2。

一、含量与分布

有效硫

长治市郊区耕地土壤有效硫含量变化为11.90～126.36毫克/千克，平均值为34.84毫克/千克，属省四级水平。见表3-5。

（1）不同行政区域：马厂镇平均值最高，为41.75毫克/千克；依次是堠北庄镇平均值为37.80毫克/千克，黄碾镇平均值为34.51毫克/千克，西白兔乡平均值为33.86毫克/千克，大辛庄镇平均值为33.24毫克/千克；最低是老顶山镇平均值为28.50毫克/千克。

（2）不同地形部位：河流一级、二级阶地平均值最高，为37.21毫克/千克；依次是低山、丘陵坡地平均值为33.26毫克/千克；最低是丘陵、低山（中、下）部及坡麓平坦地平均值为26.52毫克/千克。

（3）不同土壤类型：潮土平均值最高，为 38.15 毫克/千克；依次是褐土平均值为 37.14 毫克/千克；最低是粗骨土平均值为 25.73 毫克/千克。

表 3-5　长治市郊区耕地土壤中量元素分类统计结果

单位：毫克/千克

类　别		有效硫	
		平均值	区域值
行政区域	堠北庄镇	37.80	14.68～126.36
	老顶山镇	28.50	11.90～83.36
	大辛庄镇	33.24	16.40～66.73
	马厂镇	41.75	18.98～83.36
	黄碾镇	34.51	12.00～96.67
	西白兔乡	33.86	13.82～90.02
土壤类型	潮土	38.15	18.12～80.04
	粗骨土	25.73	18.98～43.36
	褐土	37.14	11.90～126.36
地形部位	低山、丘陵坡地	33.26	13.82～90.02
	河流一级、二级阶地	37.21	12.00～126.36
	丘陵、低山（中、下）部及坡麓平坦地	26.52	11.90～83.36

二、分级论述

有效硫

Ⅰ级　全区无分布。

Ⅱ级　有效硫含量为 100.1～200.0 毫克/千克，面积为 48.54 亩，占总耕地面积的 0.03%。分布在堠北庄镇。主要种植小麦、玉米、蔬菜和果树等。

Ⅲ级　有效硫含量为 50.1～100.0 毫克/千克，面积为 19 608.79 亩，占总耕地面积的 12.12%。分布在大辛庄镇、堠北庄镇、黄碾镇、老顶山镇、马厂镇、西白兔乡。主要种植小麦、玉米、蔬菜和果树等。

Ⅳ级　有效硫含量为 25.1～50.0 毫克/千克，面积为 112 475.50 亩，占总耕地面积的 69.52%。分布在大辛庄镇、堠北庄镇、黄碾镇、老顶山镇、马厂镇、西白兔乡。主要种植小麦、玉米、蔬菜和果树等。

Ⅴ级　有效硫含量为 12.1～25.0 毫克/千克，面积为 29 607.33 亩，占总耕地面积的 18.30%。分布在大辛庄镇、堠北庄镇、黄碾镇、老顶山镇、马厂镇、西白兔乡。主要种植小麦、玉米、蔬菜、中药材和果树。

Ⅵ级　有效硫含量小于等于 12.0 毫克/千克，面积为 48.54 亩，占总耕地面积的 0.03%。分布在黄碾镇、老顶山镇。主要种植小麦、玉米、蔬菜、中药材和果树等。

长治市郊区耕地土壤中量元素分级面积见表3-6。

表3-6　长治市郊区耕地土壤中量元素分级面积

类别	Ⅰ		Ⅱ		Ⅲ		Ⅳ		Ⅴ		Ⅵ	
	百分比（%）	面积（万亩）	百分比（%）	面积（万亩）	百分比（%）	面积（万亩）	百分比（%）	面积（万亩）	百分比（%）	面积（万亩）	百分比（%）	面积（万亩）
有效硫	0	0	0.03	0.005	12.12	1.96	69.52	11.25	18.30	2.96	0.03	0.005

第四节　微量元素

土壤微量元素背景值的表达方式以各统计单元养分汇总结果的算术平均值和标准差来表示。分别以单体Cu、Zn、Mn、Fe、B表示，表示单位为毫克/千克。

土壤微量元素参照全省第二次土壤普查的标准，结合长治市郊区土壤养分含量状况重新进行划分，各分6个级别，见表3-2。

一、含量与分布

（一）有效铜

长治市郊区耕地土壤有效铜含量变化为0.36～1.91毫克/千克，平均值为1.18毫克/千克，属省三级水平。见表3-7。

（1）不同行政区域：老顶山镇平均值最高，为1.37毫克/千克；依次是堠北庄镇平均值为1.24毫克/千克，大辛庄镇平均值为1.21毫克/千克，马厂镇平均值为1.14毫克/千克，黄碾镇平均值为1.12毫克/千克，最低是西白兔乡平均值为0.90毫克/千克。

（2）不同地形部位：丘陵、低山（中、下）部及坡麓平坦地平均值最高，为1.39毫克/千克；依次是河流一级、二级阶地，平均值为1.19毫克/千克；最低是低山、丘陵坡地，平均值为0.93毫克/千克。

（3）不同土壤类型：粗骨土平均值最高，为1.34毫克/千克；依次是潮土和褐土，平均值均为1.17毫克/千克。

（二）有效锌

长治市郊区耕地土壤有效锌含量变化为0.22～2.40毫克/千克，平均值为0.77毫克/千克，属省四级水平。见表3-7。

（1）不同行政区域：老顶山镇平均值最高，为1.29毫克/千克；依次是黄碾镇平均值为0.76毫克/千克，马厂镇平均值为0.72毫克/千克，西白兔乡平均值为0.65毫克/千克，堠北庄镇平均值为0.56毫克/千克；最低是贾大辛庄镇平均值为0.48毫克/千克。

（2）不同地形部位：丘陵、低山（中、下）部及坡麓平坦地平均值最高，为1.30毫克/千克；依次是低山、丘陵坡地，平均值为0.68毫克/千克；最低是河流一级、二级阶地平均值为0.67毫克/千克。

（3）不同土壤类型：粗骨土平均值最高，为1.25毫克/千克；依次是潮土，平均值为0.72毫克/千克；最低是褐土，平均值为0.46毫克/千克。

（三）有效锰

长治市郊区耕地土壤有效锰含量变化为5.67～31.53毫克/千克，平均值为16.99毫克/千克，属省三级水平。见表3-7。

（1）不同行政区域：老顶山镇平均值最高，为22.90毫克/千克；依次是黄碾镇平均值为18.05毫克/千克，堠北庄镇平均值为16.20毫克/千克，马厂镇平均值为15.57毫克/千克，大辛庄镇平均值为13.89毫克/千克；最低是西白兔乡平均值为12.37毫克/千克。

（2）不同地形部位：丘陵、低山（中、下）部及坡麓平坦地平均值最高，为23.48毫克/千克；依次是低山丘陵坡地，平均值为16.26毫克/千克；最低是低山、丘陵坡地，平均值为13.21毫克/千克。

（3）不同土壤类型：粗骨土平均值最高，为22.35毫克/千克；依次是潮土，平均值为16.50毫克/千克；最低是褐土，平均值为15.45毫克/千克。

（四）有效铁

长治市郊区耕地土壤有效铁含量变化为3.00～27.61毫克/千克，平均值为7.34毫克/千克，属省四级水平。见表3-7。

（1）不同行政区域：老顶山镇平均值最高，为10.18毫克/千克；依次是黄碾镇平均值为8.05毫克/千克，马厂镇平均值为6.97毫克/千克，堠北庄镇平均值为6.84毫克/千克，大辛庄镇平均值为5.78毫克/千克；最低是西白兔乡平均值为4.78毫克/千克。

（2）不同地形部位：丘陵、低山（中、下）部及坡麓平坦地平均值最高，为10.57毫克/千克；依次是河流一级、二级阶地，平均值为7.06毫克/千克；最低是低山、丘陵坡地，平均值为5.07毫克/千克。

（3）不同土壤类型：粗骨土平均值最高，为9.76毫克/千克；依次是潮土，平均值为8.05毫克/千克；最低是褐土，平均值为6.09毫克/千克。

（五）有效硼

长治市郊区耕地土壤有效硼含量变化为0.24～1.26毫克/千克，平均值为0.67毫克/千克，属省四级水平。见表3-7。

（1）不同行政区域：马厂镇平均值最高平均值，为0.76毫克/千克；依次是黄碾镇平均值为0.71毫克/千克，堠北庄镇平均值为0.71毫克/千克，老顶山镇平均值为0.63毫克/千克，大辛庄镇平均值为0.63毫克/千克；最低是西白兔乡平均值为0.57毫克/千克。

（2）不同地形部位：河流一级、二级阶地平均值最高，平均值为0.70毫克/千克；依次是丘陵、低山（中、下）部及坡麓平坦地，平均值为0.62毫克/千克；最低是低山、丘陵坡地，平均值为0.57毫克/千克。

（3）不同土壤类型：潮土平均值最高，为0.78毫克/千克；依次是褐土平均值为0.62毫克/千克，粗骨土平均值为0.62毫克/千克。

表 3-7　长治市郊区耕地土壤微量元素分类统计结果

单位：毫克/千克

类别		有效铜		有效锰		有效锌		有效铁		有效硼	
		平均值	区域值	平均值	区域值	平均值	区域值	平均值	区域值	平均值	区域值
行政区域	堠北庄镇	1.24	0.57～1.91	16.20	5.67～27.33	0.56	0.23～1.50	6.84	4.33～13.66	0.71	0.30～1.10
	老顶山镇	1.37	0.80～1.88	22.90	12.33～31.53	1.29	0.39～2.20	10.18	3.00～27.61	0.63	0.40～1.00
	大辛庄镇	1.21	0.67～1.65	13.89	7.00～21.34	0.48	0.22～1.43	5.78	3.67～11.34	0.63	0.38～0.93
	马厂镇	1.14	0.36～1.65	15.57	6.34～22.67	0.72	0.36～2.00	6.97	4.33～17.67	0.76	0.40～1.10
	黄碾镇	1.12	0.54～1.59	18.05	6.34～30.00	0.76	0.22～2.00	8.05	4.00～27.61	0.71	0.36～1.26
	西白兔乡	0.90	0.46～1.68	12.37	7.00～27.33	0.65	0.24～2.40	4.78	3.67～6.67	0.57	0.24～0.96
土壤类型	潮土	1.17	0.80～156	16.50	9.00～25.33	0.72	0.28～1.70	8.05	4.66～27.61	0.78	0.30～1.26
	粗骨土	1.34	1.04～1.56	22.35	13.66～27.33	1.25	0.96～1.70	9.76	6.00～13.00	0.62	0.54～0.77
	褐土	1.17	0.93～1.53	15.45	11.00～20.67	0.46	0.23～0.83	6.09	4.66～8.66	0.62	0.44～0.80
地形部位	低山、丘陵坡地	0.93	0.46～1.68	13.21	7.00～27.33	0.68	0.24～2.40	5.07	3.00～10.67	0.57	0.24～0.96
	河流一级、二级阶地	1.19	0.36～1.91	16.26	5.67～30.00	0.67	0.22～2.00	7.06	3.67～27.61	0.70	0.30～1.26
	丘陵、低山（中、下）部及坡麓平坦地	1.39	0.80～1.88	23.48	12.33～31.53	1.30	0.39～2.20	10.57	3.67～27.61	0.62	0.40～1.00

二、分级论述

（一）有效铜

Ⅰ级　全区无分布。

Ⅱ级　有效铜含量为1.51～2.00毫克/千克，全区面积为11 713.50亩，占总耕地面积的7.24%。分布在大辛庄镇、堠北庄镇、黄碾镇、老顶山镇、马厂镇、西白兔乡，主要种植小麦、玉米、棉花、蔬菜和果树等。

Ⅲ级　有效铜含量为1.01～1.50毫克/千克，全区面积为127 893.97亩，占总耕地面积的79.05%。分布在大辛庄镇、堠北庄镇、黄碾镇、老顶山镇、马厂镇、西白兔乡，主要种植小麦、玉米、棉花、蔬菜和果树等。

Ⅳ级　有效铜含量为0.51～1.00毫克/千克，全区面积为21 890.01亩，占总耕地面积的13.53%。分布在大辛庄镇、堠北庄镇、黄碾镇、老顶山镇、马厂镇、西白兔乡，主要种植小麦、玉米、棉花、中药材和果树等。

Ⅴ级　有效铜含量为0.21～0.50毫克/千克，全区面积为291.22亩，占总耕地面积的0.18%。分布在马厂镇、西白兔乡，主要种植小麦、玉米、棉花、中药材和果树等。

Ⅵ级　全区无分布。

（二）有效锰

Ⅰ级　有效锰含量大于30.00毫克/千克，全区面积为744.23亩，占总耕地面积的0.46%。分布在老顶山镇，主要种植小麦、玉米、棉花、蔬菜和果树等。

Ⅱ级　有效锰含量为20.01～30.00毫克/千克，全区面积为33 506.44亩，占总耕地面积的20.71%。分布在大辛庄镇、堠北庄镇、黄碾镇、老顶山镇、马厂镇、西白兔乡，主要种植小麦、玉米、棉花、蔬菜和果树等。

Ⅲ级　有效锰含量为15.01～20.00毫克/千克，全区面积为79 438.25亩，占总耕地面积的49.10%。分布在大辛庄镇、堠北庄镇、黄碾镇、老顶山镇、马厂镇、西白兔乡，主要种植小麦、玉米、棉花、蔬菜和果树等。

Ⅳ级　有效锰含量为5.01～15.00毫克/千克，全区面积为48 099.78亩，占总耕地面积的29.73%。分布在大辛庄镇、堠北庄镇、黄碾镇、老顶山镇、马厂镇和西白兔乡，主要种植小麦、玉米、棉花、蔬菜和果树等。

Ⅴ级　全区无分布。

Ⅵ级　全区无分布。

（三）有效锌

Ⅰ级　全区无分布。

Ⅱ级　有效锌含量为1.51～3.00毫克/千克，全区面积为6 940.74亩，占总耕面积的4.29%。分布在黄碾镇、老顶山镇、马厂镇、西白兔乡，主要种植小麦、玉米、棉花、中药材和果树等。

Ⅲ级　有效锌含量为1.01～1.50毫克/千克，全区面积为34 865.47亩，占总耕地面积的21.55%。分布在大辛庄镇、堠北庄镇、黄碾镇、老顶山镇、马厂镇、西白兔乡，主要种植小麦、玉米、棉花、蔬菜和果树等。

Ⅳ级　有效锌含量为0.51～1.00毫克/千克，全区面积为80 004.51亩，占总耕地面积的49.45%。分布在大辛庄镇、堠北庄镇、黄碾镇、老顶山镇、马厂镇、西白兔乡，主要种植小麦、玉米、蔬菜和果树。

Ⅴ级　有效锌含量为0.31～0.50毫克/千克，全区面积为38 101.24亩，占总耕地面积的23.55%。分布在大辛庄镇、堠北庄镇、黄碾镇、老顶山镇、马厂镇、西白兔乡，主要种植小麦、玉米、棉花和果树。

Ⅵ级　有效锌含量小于等于0.30毫克/千克，全区面积为1 876.74亩，占总耕地面积的1.16%。分布在大辛庄镇、堠北庄镇、黄碾镇、西白兔乡，主要种植小麦、玉米、棉花和果树。

（四）有效铁

Ⅰ级　有效铁含量大于20.00毫克/千克，全区面积为598.62亩，占总耕地面积的0.37%。分布在黄碾镇、老顶山镇，主要种植小麦、玉米和果树。

Ⅱ级　有效铁含量为15.01～20.00毫克/千克，全区面积为1 634.07亩，占总耕地面积的1.01%。分布在黄碾镇、老顶山镇、马厂镇，主要种植小麦、玉米和果树。

Ⅲ级　有效铁含量为10.01～15.00毫克/千克，全区面积为25 093.43亩，占全区总耕地面积的15.51%。分布在大辛庄镇、堠北庄镇、黄碾镇、老顶山镇、马厂镇，主要种植小麦、玉米和果树。

Ⅳ级　有效铁含量为5.01～10.00毫克/千克，全区面积为118 785.26亩，占总耕地面积的73.42%。分布在大辛庄镇、堠北庄镇、黄碾镇、老顶山镇、马厂镇、西白兔乡，主要种植小麦、玉米、棉花、蔬菜和果树。

Ⅴ级　有效铁含量为2.51～5.00毫克/千克，全区面积为15 677.32亩，占总耕地面积的9.69%。分布在大辛庄镇、堠北庄镇、黄碾镇、老顶山镇、马厂镇、西白兔乡，主要种植小麦、玉米、蔬菜和果树等。

Ⅵ级　全区无分布。

（五）有效硼

Ⅰ级　全区无分布。

Ⅱ级　全区无分布。

Ⅲ级　有效硼含量为1.01～1.50毫克/千克，全区面积为3 947.64亩，占总耕地面积的2.44%。分布在堠北庄镇、黄碾镇、马厂镇。主要种植小麦、玉米、蔬菜、中药材和果树。

Ⅳ级　有效硼含量为0.51～1.00毫克/千克，全区面积为148 845.60亩，占总耕地面积的92.00%。分布在大辛庄镇、堠北庄镇、黄碾镇、老顶山镇、马厂镇、西白兔乡。主要种植小麦、玉米、蔬菜、中药材和果树。

Ⅴ级　有效硼含量为0.21～0.50毫克/千克，全区面积为8 995.46亩，占总耕地面积的5.56%。分布在大辛庄镇、堠北庄镇、黄碾镇、老顶山镇、马厂镇、西白兔乡。主要种植小麦、玉米、棉花和果树等。

Ⅵ级　全区无分布。

表 3-8 长治市郊区耕地土壤微量元素分级面积

类别		Ⅰ		Ⅱ		Ⅲ		Ⅳ		Ⅴ		Ⅵ	
		百分比（%）	面积（万亩）	百分比（%）	面积（万亩）	百分比（%）	面积（万亩）	百分比（%）	面积（万亩）	百分比（%）	面积（万亩）	百分比（%）	面积（万亩）
耕地土壤	有效铜	0	0	7.24	1.17	79.05	12.79	13.53	2.19	0.18	0.03	0	0
	有效锌	0	0	4.29	0.70	21.55	3.49	49.45	8.00	23.55	3.81	1.16	0.19
	有效铁	0.37	0.06	1.01	0.16	15.51	2.51	73.42	11.88	9.69	1.57	0	0
	有效锰	0.46	0.07	20.71	3.35	49.10	7.94	29.73	4.81	0	0	0	0
	有效硼	0	0	0	0	2.44	0.40	92.00	14.89	5.56	0.90	0	0

第五节 其他理化性状

一、土壤 pH

长治市郊区耕地土壤 pH 含量变化为 4.68～8.28，平均值为 8.13。见表 3-9。

（1）不同行政区域：黄碾镇平均值最高平均值为 8.15；依次是马厂镇平均值为 8.14，大辛庄镇平均值为 8.14，老顶山镇平均值为 8.13，西白兔乡平均值为 8.12；最低是堠北庄镇平均值为 8.10。

（2）不同地形部位：河流一级、二级阶地，以及丘陵、低山（中、下）部及坡麓平坦地平均值最高为 8.13；最低是低山、丘陵坡地平均值 8.12。

（3）不同土壤类型：粗骨土平均值最高为 8.15；依次是潮土平均值为 8.14；最低是褐土，平均值为 8.11。

表 3-9 长治市郊区耕地土壤 pH 平均值分类统计结果

类别		pH	
		平均值	区域值
行政区域	堠北庄镇	8.10	4.68～8.28
	老顶山镇	8.13	7.81～8.28
	大辛庄镇	8.14	7.81～8.28
	马厂镇	8.14	7.81～8.28
	黄碾镇	8.15	7.81～8.28
	西白兔乡	8.12	7.81～8.28
土壤类型	潮土	8.14	7.81～8.28
	粗骨土	8.15	8.12～8.28
	褐土	8.11	4.68～8.28
地形部位	低山、丘陵坡地	8.12	7.81～8.28
	河流一级、二级阶地	8.13	4.68～8.28
	丘陵、低山（中、下）部及坡麓平坦地	8.13	7.81～8.28

二、土体构型

土体构型是指整个土体各层次质地排列组合情况。它对土壤水、肥、气、热等各个肥力因素有制约和调节作用，特别对土壤水、肥储藏与流失有较大影响。因此，良好的土体构型是土壤肥力的基础。

长治市郊区的土体构型，因其母质类型和发育程度的不同而变异颇大，按土体厚薄及上、下层质地和松紧状况，可概括为以下 3 个类型：

1. 薄层型 即土层厚度较薄，一般仅有 30 厘米左右，长治市郊区可分为山地薄层型和河滩薄层型 2 种类型。前者发育于残积母质上的山地土壤；后者分布在河流或较大的河谷两侧靠近河床部位，薄层土下就是沙和河卵石，漏水、漏肥严重，因此又称漏沙型，其共同特点是：土体浅薄，多夹有数量不等的砾石或岩屑，供保水肥能力差，土温变化较大，水、肥、气、热等肥力因素之间的关系不够协调。山地薄层土壤，农业利用极少，多为林、牧地或荒坡，需要保护增加自然植被，防止土壤侵蚀发展；对于河滩薄层土壤，因漏肥、漏水，产量不高，应采取人工堆垫、冲淤或放洪淤积不断增厚土层，仍可使之变为优良之农田。

2. 通体型 土体较厚，全剖面上下质地基本均匀，在长治市郊区可分为 3 个类型。

（1）通体壤质型：发育于黄土及黄土状物质上的土壤，多属此类型。其特点是土体深厚，土性软绵，上下质地均匀，多为轻壤-中壤；除有不太明显的犁底层外，层次分化很不明显，除少数夹有料姜和砾石外，没有什么不良层次，保供能力较好，土温变化不大，水、肥、气、热诸因素之间的关系较为协调，可采用深耕打破犁底层的办法，充分发挥这种构型的优点。

（2）通体沙质型：发育于河流冲积物上的土壤多属此类型。其特点是土体较厚，质地沙壤，总孔隙少，通气不良，土温变化迅速，保供水肥能力较差，可采用增施土杂肥，种植绿肥、间套豆类等措施，调节土壤的沙黏比例。

（3）通体黏质型：发育红黄土母质上的土壤属此类型。其特点是土体较厚，土性较硬，除表层因耕作熟化质地变得较为松软外，通体质地较为僵硬，多为重壤-黏土，颗粒排列的致密而紧实，通气透水性差，土温变化小而性冷，保水肥能力强而供水肥能力弱，可采取深耕掺沙增肥等措施，逐步改变其不良影响。

3. 夹层型 即土体中央有较为悬殊的质地，松紧有异。长治市郊区有 2 种类型：

（1）夹沙型：发育于冲积-洪积母质上的土壤有此类型。其特点是：土体中沙黏交替，层次十分明显，质地变化颇大，因沙、黏出现部位及厚度不同对肥力的影响差异很大。一般说来，这种构型不利于通气透水、养分转化及作物根系的生长发育。

（2）夹沙姜型：发育在黄土和红黄土母质上的土壤有此类型。其特点是土体中有大小不等，数量各异的料姜或砾石块，发育在洪积黄土或红黄土母质上的土壤在土层约 60 厘米处出现 25 厘米左右的卵石层，并经淋溶作用，在局部出现碳酸钙和卵石胶结成盘的现象。总而言之，土壤中有夹层总是障碍因素，可采用深耕或搞农田基本建设打破障碍层，使沙黏层混和，以防产生漏水、漏肥之弊病。

三、土壤结构

构成土壤骨架的矿物质颗粒，在土壤中并非彼此孤立、毫无相关的堆积在一起，而往往是受各种作物胶结成形状不同、大小不等的团聚体。各种团聚体和单粒在土壤中的排列方式称为土壤结构。

土壤结构是土体构造的一个重要形态特征。它关系着土壤水、肥、气、热状况的协调，土壤微生物的活动、土壤耕性和作物根系的伸展，是影响土壤肥力的重要因素。

1. 长治市郊区耕作土壤结构的各层分布情况

（1）耕作层：也称活土层，一般厚度为 15～20 厘米，结构多为屑粒，碎块状，极少数呈团粒结构（如菜园土、草甸土），说明长治市郊区耕作层土壤结构不太理想，有机质含量不高，这些多与土壤熟化程度不高有关。今后应采取增施农家肥，实行正确耕作和合理轮作倒茬等措施，促进土壤团粒结构的形成，创造优良的耕层结构。

（2）犁底层：厚度为 6～10 厘米，为人类生产活动、长期浅耕和机械压力而形成较紧实的一层，多为块状结构，少数质地较重的土壤呈片状结构。因而此层通气性差，透水性不良，影响上下层土壤的物质转移和能量传递与作物根系的向下伸展。今后应采取深耕的措施，逐渐消除犁底层，加厚活土层。但对于心土层质地偏沙，易漏水、肥的土壤，则应保持松紧适度的犁底层，以利保水托肥。

（3）心土层：厚度为 20～40 厘米，多为块状结构，并有少数呈屑粒或核状结构，此类结构的通气透水性和持水能力均不佳。

（4）底土层：厚度一般为 50～60 厘米，黄土和黄土状母质的多为块状或柱状结构，红黄土母质的多为棱柱状结构。这种结构有利于土壤的通气透水，但易漏水、漏肥。

2. 长治市郊区土壤结构有以下几种不良性状

（1）板结：这种结构是在雨后或灌水后极易发生。其原因，地表经大雨和灌水后，冲动了土粒，在浮淤土粒缓慢下沉的过程中，细土粒落在表层，水分经渗透、蒸发后，很快发生干燥、收缩形成板结。具体地说，轻壤和中壤是由于土壤质地均一轻细，重壤是由于土壤的黏粒较多，沙壤是因为土壤中缺乏有机质之故。

（2）坷垃：坷垃即土壤表面形成的大而较紧实的土块，呈不规则形状，属块状结构类型。它们相互支撑叠架，增大孔隙，漏水跑墒，助长水分蒸发，伴有压苗或形成吊根现象，妨碍根系穿插。有时坷垃压在土面以下，更不利于根系对养水，水分的吸收和根系发育，所以往往影响作物出苗和幼苗生长。其原因，质地黏重，物理性黏粒大于 45%，耕作不及时，土壤有机质含量低。

（3）犁底层：在长期的耕作过程中，由于机械压力、水力和重力作用，在活土层下面出现了一层比较紧实的犁底层，平地较重，坡地较轻，多为片状和鳞片状结构，妨碍通气透水和根系下扎。

土壤结构是影响土壤孔隙状况、容重、持水能力、土壤养分等的重要因素，因此，创造和改善良好的土壤结构是农业生产上夺取高产稳产的重要措施。其方法有深耕深翻，挖丰产沟，增施有机肥，种压绿肥、合理轮作，间套豆类，适时耕作，引洪灌溉等多种措施。

四、土壤孔隙状况

土壤是多孔体，土粒、土壤团聚体之间以及团聚体内部均有孔隙。单位体积土壤孔隙所占的百分数，称土壤孔隙度，也称总孔隙度。

土壤孔隙的数量、大小、形状很不相同，它是土壤水分与空气的通道和储存所，它密切影响着土壤中水、肥、气、热等因素的变化与供应情况。因此，了解土壤孔隙大小、分布、数量和质量，在农业生产上有非常重要的意义。

土壤孔隙度的状况取决于土壤质地、结构、土壤有机质、土粒排列方式及人为因素等。黏土孔隙多而小，通透性差；沙质土孔隙少而粒间孔隙大，通透性强；壤土则孔隙大小比例适中。土壤孔隙可分 3 种类型：

1. 无效孔隙 孔隙直径小于 0.001 毫米，作物根系难于伸入。为土壤结合水充足，孔隙中水分被土粒强烈吸附，故不能被植物吸收利用，水分不能运动也不通气，对作物来说是无效孔隙。

2. 毛管孔隙 孔隙直径为 0.001～0.1 毫米，具有毛管作用。水分可借毛管弯月面力保持储存在内，并靠毛管引力向上下左右移动，对作物是最有效水分。

3. 非毛细管孔隙 即孔隙直径大于 0.1 毫米的大孔隙，不具毛管作用。不保持水分，为通气孔隙，直接影响土壤通气、透水和排水的能力。

土壤孔隙一般为 30%～60%，对农业生产来说，土壤孔隙以稍大于 50%为好，要求无效孔隙尽量低些。非毛管孔隙应保持在 10%以上，若小于 5%则通气、渗水性能不良。

采用土壤容重测算土壤孔隙度，长治市郊区的土壤孔隙度大致为 47%～62%，其中，自然土壤为 58%～62%，耕种土壤为 47%～58%。因此长治市郊区土壤是比较合适的。对于容重偏低的土壤，易受干旱威胁，应以耙磨和镇压等措施加以调整；对于容重偏高的土壤，因为较紧实，通透性差，应增施农家有机肥，种压绿肥和铺沙或施炉渣等办法加以改善，使土壤的三相比比较适宜，是农业高产稳产的基础之一。

第六节 耕地土壤属性综述与养分动态变化

一、耕地土壤属性综述

根据长治市郊区 5 500 个样点测定结果表明，耕地土壤有机质平均含量为 17.74±2.05 克/千克，全氮平均含量为 0.73±0.10 克/千克，有效磷平均含量为 12.89±4.25 毫克/千克，速效钾平均含量为 166.46±16.34 毫克/千克，缓效钾平均含量为 895.94±59.52 毫克/千克，有效铁平均含量为 7.34±2.53 毫克/千克，有效锰平均值为 16.99±4.40 毫克/千克，有效铜平均含量为 1.18±0.21 毫克/千克，有效锌平均含量为 0.77±0.36 毫克/千克，有效硼平均含量为 0.67±0.12 毫克/千克，有效硫平均含量为 34.84±11.81 毫克/千克，pH 平均值为 8.13±0.09。

长治市郊区耕地土壤属性总体统计结果见表 3-10。

表 3-10 长治市郊区耕地土壤属性总体统计结果

项目名称	点位数（个）	平均值	最大值	最小值	标准差	变异系数（%）
有机质（克/千克）	5 500	17.74	26.79	9.88	2.05	11.58
全氮（克/千克）	5 500	0.73	1.24	0.38	0.10	14.00
有效磷（毫克/千克）	5 500	12.89	31.55	3.01	4.25	32.96
速效钾（毫克/千克）	5 500	166.46	230.04	107.53	16.34	9.81
缓效钾（毫克/千克）	5 500	895.94	1 145.84	517.00	59.52	6.64
有效铁（毫克/千克）	5 500	7.34	27.61	3.00	2.53	34.51
有效锰（毫克/千克）	5 500	16.99	31.53	5.67	4.40	25.93
有效铜（毫克/千克）	5 500	1.18	1.91	0.36	0.21	17.64
有效锌（毫克/千克）	5 500	0.77	2.40	0.22	0.36	46.37
有效硼（毫克/千克）	5 500	0.67	1.26	0.24	0.12	17.58
有效硫（毫克/千克）	5 500	34.84	126.36	11.90	11.81	33.91
pH	5 500	8.13	8.28	4.68	0.09	1.14

二、有机质及大量元素的演变

随着农业生产的发展及施肥、耕作经营管理水平的变化，耕地土壤有机质及大量元素也随之变化。与 1984 年全国第二次土壤普查时的耕层养分测定结果相比，29 年间，土壤有机质、全氮在不同土壤类型上表现差异较大。见表 3-11。

表 3-11 长治市郊区耕地土壤养分动态变化

项目			土壤类型（亚类）					
			潮土	脱潮土	褐土	褐土性土	石灰性褐土	粗骨土
有机质（克/千克）	第二次土壤普查		14.30	14.00	19.90	13.00	36.50	9.34
	大田	本次调查	17.57	18.68	16.47	17.46	18.08	17.20
		增	3.27	4.68	−3.43	4.46	−18.42	7.86
全氮（克/千克）	第二次土壤普查		0.40	0.70	0.89	0.60	0.89	0.43
	大田	本次调查	0.73	0.70	0.74	0.72	0.75	0.69
		增	0.33	0.00	−0.15	0.12	−0.14	0.26
有效磷（毫克/千克）	第二次土壤普查		—	—	—	—	—	—
	大田	本次调查	13.35	10.73	16.66	12.08	13.31	14.66
		增	—	—	—	—	—	—
速效钾（毫克/千克）	第二次土壤普查		—	—	—	—	—	—
	大田	本次调查	170.31	163.50	182.43	163.91	168.53	145.68
		增	—	—	—	—	—	—

第四章　耕地地力评价

第一节　耕地地力分级

一、面积统计

长治市郊区耕地面积为 161 788.7 亩，其中，旱地 149 630.98 亩，占耕地面积的 92.49%；水浇地 12 157.72 亩，占耕地面积的 7.51%。按照《全国耕地类型区、耕地地力等级划分》（NY/T 309—1996）标准，通过对 5 500 个评价单元 *IFI* 值的计算，对照分级标准，确定每个评价单元的地力等级，汇总结果见表 4 - 1、表 4 - 2。

表 4 - 1　长治城区耕地地力等级标准

等　级	生产性能综合指数	面积（亩）	占面积（%）
一	0.84～0.91	35 803.84	22.13
二	0.77～0.84	72 076.86	44.55
三	0.67～0.77	38 521.89	23.81
四	0.53～0.67	15 386.11	9.51

表 4 - 2　长治市郊区耕地地力等级标准与国家耕地地力等级标准关系

<table>
<tr><th>等　级</th><th>国家地力等级</th><th>面积（亩）</th><th>占面积（%）</th></tr>
<tr><td rowspan="2">一</td><td>三</td><td>19 527.90</td><td>12.07</td></tr>
<tr><td rowspan="2">四</td><td>16 275.94</td><td>10.06</td></tr>
<tr><td rowspan="3">二</td><td>16 453.91</td><td>10.17</td></tr>
<tr><td>五</td><td>40 592.78</td><td>25.09</td></tr>
<tr><td rowspan="2">六</td><td>15 030.17</td><td>9.29</td></tr>
<tr><td rowspan="3">三</td><td>5 889.11</td><td>3.64</td></tr>
<tr><td>七</td><td>20 191.23</td><td>12.48</td></tr>
<tr><td>八</td><td>12 441.55</td><td>7.69</td></tr>
<tr><td>四</td><td>九</td><td>15 386.11</td><td>9.51</td></tr>
</table>

二、地域分布

长治市郊区耕地主要分布在隐域性土壤，在平原沿漳河两岸的一级阶地和二级阶地的低洼处及山前倾斜平原的前缘地带分布着耕种褐化浅色草甸土和耕种浅色草甸土，其成土母质为近代河流冲积物。山地土壤主要分布有石灰尘岩质山地褐土、耕种黄土质山地褐土和耕种红黄土质山地褐土。丘陵地带土壤类型主要有耕种黄土质褐土性土和耕种红黄土质褐土性土。山前倾斜平原土壤类型是耕地洪积褐土性土，平原地土壤类型是碳酸盐褐土。

第二节 耕地地力等级分布

一、一 级 地

（一）面积和分布

本级耕地主要分布在大辛庄镇、堠北庄镇、黄碾镇、老顶山镇和马厂镇。面积为35 803.84亩，占全区总耕地面积的22.13％。

（二）主要属性分析

本级耕地包括潮土、褐土，成土母质主要为黄土母质，地面坡度为0°～12°，耕层质地主要为沙壤土、轻壤土、轻黏土，耕层厚度平均值为18厘米。pH的变化范围4.68～8.28，平均值为8.11，地势平缓，无侵蚀，保水，地下水位浅且水质良好，灌溉保证率为86％，地面平坦，园田化水平高。

本级耕地土壤有机质平均含量为17.83克/千克，有效磷平均含量为16.38毫克/千克，速效钾平均含量为176.05毫克/千克，全氮平均含量为0.77克/千克。详见表4-3。

表4-3 一级地土壤养分统计

项 目	平均值	最大值	最小值	标准差	变异系数
有机质	17.83	24.63	9.88	2.22	0.12
全氮	0.77	1.17	0.48	0.11	0.14
有效磷	16.38	31.55	7.09	4.20	0.26
速效钾	176.05	230.04	127.13	16.69	0.09
缓效钾	932.67	1 108.17	740.51	59.70	0.06
pH	8.11	8.28	4.68	0.16	0.02
有效硫	39.49	126.36	14.68	12.83	0.32
有效锰	16.35	27.33	8.34	2.55	0.16
有效硼	0.72	1.26	0.30	0.13	0.18
有效铜	1.20	1.91	0.57	0.15	0.12
有效锌	0.63	2.00	0.27	0.25	0.40
有效铁	7.16	27.61	4.33	2.24	0.31

注：以上各项单位为：有机质、全氮为克/千克，pH无单位，其他均为毫克/千克。

该级耕地农作物生产历来水平较高，从农户调查表来看，小麦平均亩产420千克，玉米亩产500千克，效益显著；蔬菜占全区的20％以上，是长治郊区重要的蔬菜生产基地。

（三）主要存在问题

一是土壤肥力与高产、高效的需求仍不适应；二是部分区域地下水资源贫乏，水位持续下降，更新深井，加大了生产成本。多年种菜的部分地块，化肥施用量不断提升，有机肥施用不足，引起土壤板结，土壤团粒结构分配不合理。影响土壤环境质量的障碍因素是城郊的极个别菜地污染。尽管国家有一系列的种粮政策，但最近几年农资价格的飞速猛长，农民的种粮积极性严重受挫，对土壤进行粗放式管理。

（四）合理利用

本级耕地在利用上应从主攻高强筋优质小麦，大力发展设施农业，加快蔬菜生产发展。突出区域特色经济作物如葡萄等产业的开发，复种作物重点发展玉米、大豆间套。

二、二 级 地

（一）面积与分布

本级耕地主要分布在大辛庄镇、堠北庄镇、黄碾镇、老顶山镇和马厂镇，面积72 076.86亩，占总耕地面积的44.55%。

（二）主要属性分析

本级耕地包括潮土、粗骨土和褐土3个土类，成土母质为黄土母质，灌溉保证率为79%，地面平坦，坡度为0°～15°。耕层质地主要为沙壤土、轻壤土、轻黏土，园田化水平低。耕层厚度平均为18厘米，本级土壤pH为7.81～8.28，平均值为8.14。

本级耕地土壤有机质平均含量为17.99克/千克，有效磷平均含量为11.94毫克/千克，速效钾平均含量为166.81毫克/千克，全氮平均含量为0.74克/千克。详见表4-4。

表4-4　二级地土壤养分统计

项　目	平均值	最大值	最小值	标准差	变异系数
有机质	17.99	25.45	12.65	2.08	0.12
全氮	0.74	1.08	0.38	0.10	0.14
有效磷	11.94	28.32	3.76	3.01	0.25
速效钾	166.81	224.23	127.13	14.15	0.08
缓效钾	894.92	1 070.50	517.00	59.79	0.07
pH	8.14	8.28	7.81	0.06	0.01
有效硫	36.92	90.02	16.40	10.22	0.28
有效锰	15.84	30.00	5.67	3.19	0.20
有效硼	0.70	1.17	0.38	0.11	0.16
有效铜	1.19	1.82	0.36	0.16	0.14
有效锌	0.67	1.80	0.22	0.27	0.40
有效铁	7.02	22.29	3.67	1.98	0.28

注：以上各项单位为：有机质、全氮为克/千克，pH无单位，其他均为毫克/千克。

本级耕地所在区域，为深井灌溉区，是长治市郊区的主要粮、瓜、果、菜地的经济效益较高，粮食生产处于全区较高水平。玉米近3年平均亩产680千克，是长治郊区重要的粮、菜、果商品生产基地。

（三）主要存在问题

盲目施肥现象严重，有机肥施用量少。由于产量高造成土壤肥力下降，农产品品质降低。

（四）合理利用

应用养结合，以培肥地力为主。一是合理布局，实行轮作、倒茬，尽可能做到须根与直根、深根与浅根、豆科与禾本科、夏作与秋作、高秆与矮秆作物轮作，使养分调剂，余缺互补；二是推广玉米秸秆两茬还田，提高土壤有机质含量；三是推广测土配方施肥技术，建设高标准农田。

三、三 级 地

（一）面积与分布

本级耕地主要分布在大辛庄镇、堠北庄镇、黄碾镇、老顶山镇、马厂镇和西白兔乡，面积为 38 521.89 亩，占总耕地面积的 23.81%。

（二）主要属性分析

本级耕地包括潮土、粗骨土和褐土 3 个土类，成土母质为黄土母质，耕层厚度为 18 厘米。灌溉保证率为 53%，地面基本平坦，地面坡度为 0°～15°，耕层质地主要为沙壤土、轻壤土、轻黏土，园田化水平较低。本级的 pH 变化范围为 7.81～8.28，平均值为 8.14。

本级耕地土壤有机质平均含量为 17.49 克/千克，有效磷平均含量为 13.58 毫克/千克，速效钾平均含量为 159.25 毫克/千克，全氮平均含量为 0.70 克/千克。详见表 4－5。

表 4－5　三级地土壤养分统计

项　目	平均值	最大值	最小值	标准差	变异系数
有机质	17.49	26.79	12.32	1.94	0.11
全氮	0.70	1.24	0.38	0.09	0.13
有效磷	13.58	31.55	3.01	4.55	0.34
速效钾	159.25	212.61	107.53	16.40	0.10
缓效钾	874.22	1 032.83	680.72	49.78	0.06
pH	8.14	8.28	7.81	0.07	0.01
有效硫	29.24	96.67	11.90	10.50	0.36
有效锰	21.37	31.53	11.67	4.26	0.20
有效硼	0.65	1.07	0.36	0.08	0.13
有效铜	1.30	1.88	0.67	0.19	0.15
有效锌	1.09	2.20	0.29	0.36	0.33
有效铁	9.26	27.61	3.00	2.69	0.29

注：以上各项单位为：有机质、全氮为克/千克，pH 无单位，其他均为毫克/千克。

本级耕地所在区域，粮食生产水平较高，据调查统计，玉米或杂粮平均亩产 240 千克以上，效益较好。

（三）主要存在问题

本级耕地的微量元素硼、铁等含量偏低。

（四）合理利用

1. 科学种田　长治市郊区农业生产水平属中上，粮食产量高，就土壤、水利条件而言，并没有充分显示出高产性能。因此，应采用先进的栽培技术，如选用优种、科学管理、平衡施肥等，施肥上，应多喷一些硫酸铁、硼砂、硫酸锌等，充分发挥土壤的丰产性能，夺取各种作物高产。

2. 作物布局　长治市郊区今后应在种植业发展方向上主攻优质玉米生产的同时，抓好无公害果树的生产。推广旱地蔬菜、豆类作物为主，复种指数控制在40%左右。

四、四 级 地

（一）面积与分布

本级耕地主要零星分布在黄碾镇、老顶山镇和西白兔乡，面积为15 386.11亩，占总耕地面积的9.51%。

（二）主要属性分析

该级耕地分布范围较大，土壤类型包括粗骨土、褐土，成土母质主要有黄土母质，耕层厚度平均为18厘米。灌溉保证率为50%，地面基本平坦，地面坡度为6°～15°，耕层质地主要为轻壤土，园田化水平较低。本级土壤pH为7.81～8.28，平均值为8.12。

本级耕地土壤有机质平均含量为17.36克/千克，全氮平均含量为0.75克/千克，有效磷平均含量为9.37毫克/千克，速效钾平均含量为164.63毫克/千克，有效铜平均含量为0.94毫克/千克，有效锰平均含量为13.40毫克/千克，有效锌平均含量为0.69毫克/千克，有效铁平均含量为5.16毫克/千克，有效硼平均含量为0.57毫克/千克，有效硫平均含量为32.67毫克/千克。详见表4-6。

表4-6　四级地土壤养分统计

项　目	平均值	最大值	最小值	标准差	变异系数
有机质	17.36	23.97	12.98	1.83	0.11
全氮	0.75	1.08	0.45	0.10	0.13
有效磷	9.37	18.73	3.51	2.19	0.23
速效钾	164.63	218.42	117.33	14.16	0.09
缓效钾	884.89	1 145.84	720.58	49.87	0.06
pH	8.12	8.28	7.81	0.04	0.00
有效硫	32.67	90.02	12.10	12.10	0.37
有效锰	13.40	27.33	7.00	3.68	0.27
有效硼	0.57	0.96	0.24	0.09	0.16
有效铜	0.94	1.68	0.46	0.21	0.22
有效锌	0.69	2.40	0.24	0.37	0.54
有效铁	5.16	12.33	3.67	1.42	0.27

注：以上各项单位为：有机质、全氮为克/千克，pH无单位，其他均为毫克/千克。

主要种植作物以玉米杂粮为主，玉米平均亩产量为200千克，杂粮平均亩产100千克以上，均处于长治郊区的中等偏低水平。

（三）主要存在问题

一是灌溉条件较差，干旱较为严重；二是本级耕地的中量元素镁、硫偏低，微量元素的硼、铁、锌偏低，今后在施肥时应合理补充。

（四）合理利用

平衡施肥。中产田的养分失调，大大地限制了作物增产，因此，要在不同区域中产田上，大力推广平衡施肥技术，进一步提高耕地的增产潜力。

第五章　耕地土壤环境质量评价

第一节　农业面源污染状况

农业污染源普查是第一次全国污染源普查的一个重要方面，是摸清农业污染底数最直接、最有效的途径，是做好农业环境管理的重要基础，为农业环境污染防治及农业政策的制定提供决策依据。根据2009年长治市郊区第一次农业污染源普查数据及连年来农业污染源数据的更新情况，予以分析研究。

一、确定调查对象及方法

1. 种植业污染源　在长治市郊区优势农产品区划、作物布局和种植制度区划及土壤普查等工作的基础上，针对影响肥料、农药和农膜污染的主要因素，开展普查工作。

以农田地块为基本普查单元。考虑到各普查分区在肥料、农药和地膜消耗量、污染强度及经营规划等方面的差异，确定长治市郊区本次普查抽样比例为0.8%。

农场普查量为100%，即所有耕地数量在10 000亩以上的农场均需调查。

2. 畜禽养殖业污染源　以规模养殖的猪、奶、牛、肉牛、蛋鸡、肉鸡为普查对象，调查养殖组织模式、动物饲养阶段、清粪方式、粪便和污水处理利用方式等。

规模化养殖场是指饲养数量达到一定规模的养殖场，按年存（出）栏量分为小、大、中型。

（1）小型：生猪100～499头（出栏）、奶牛20～99头（存栏）、肉牛50～99头（出栏）、蛋鸡2 000～9 999羽（存栏）、肉鸡10 000～49 999羽（出栏）。

（2）中型：生猪500～2 999头（出栏）、奶牛100～199头（存栏）、肉牛100～499头（出栏）、蛋鸡10 000～49 999羽（存栏）、肉鸡50 000～99 999羽（出栏）。

（3）大型：生猪3 000头以上（出栏）、奶牛200头以上（存栏）、肉牛500头以上（出栏）、蛋鸡50 000羽以上（存栏）、肉鸡100 000羽以上（出栏）。

养殖小区是指在统一规划的区域内，由多个养殖业主共同组成，按照统一操作规程进行养殖、管理的养殖方式；养殖专业户是指畜禽饲养数量达到一定数量的养殖户；50≤猪≤499头（出栏）、5≤奶牛≤99头（存栏）、10≤肉牛≤99头（出栏）、500≤蛋鸡≤9 999羽（存栏）、2 000≤肉鸡≤49 999羽（出栏）。

规模化养殖场、养殖小区、养殖专业户均需全部调查。

3. 水产养殖业污染源　依据我国行政区划、渔业区划和养殖水体类型分布，长治市郊区属内陆淡水养殖北部区。

水产养殖专业户符合以下标准的进行普查：池塘养殖面积≥5亩，工厂化养殖水体≥1 500立方米。

4. 物料计算方法　长治市郊区种植业污染源普查的作物秸秆产量依据“秸秆产量=经济产量×秸秆产出量系数”公式确定，主要秸秆产量产出系数涉及小麦（1.20）、玉米（1.34）、豆类（1.60）和其他谷物（1.20）。

长治市郊区种植业污染源普查的农家肥施入养分含量的确定，依据全区普查办公室下发的有机肥三要素含量确定。具体是人粪尿氮、磷、钾（1∶0.5∶0.37）、猪厩肥氮、磷、钾（0.45∶0.19∶0.60）、羊粪氮、磷、钾（0.65∶0.50∶0.25）、鸡粪氮、磷、钾（1.63∶1.54∶0.85）和堆肥氮、磷、钾（0.37∶0.15∶0.37）。

二、确定清查单位与普查对象

根据长治市郊区农业、统计、畜牧、水利等部门提供的所有登记在册的全区农户，建立清查底册，通过和有关乡（镇）政府、村委会调查了解，采取交叉核对的办法，实地逐一调查核实，经初步筛选后保留 1 100 户农业源作为进一步核实的清查底册。在此基础上，再对照国家普查办公室确定普查对象的条件和技术要求，从底册中确定是否纳入普查对象、是否详细调查还是简单调查，同时补充个别遗漏或删除个别重复的清查名单，最后按照“宁多勿缺”的原则筛选出符合普查条件的对象 667 户，作为普查名录库。

1. 种植业　种植业污染源 355 户，种植业污染源主要针对粮食作物（包括谷类、薯类和豆类）、经济作物（包括水果、花卉、油类、糖类以及棉、麻茶、烟草、中草药、中药材等）和蔬菜作物（包括叶菜类、瓜果类、茄果类、根菜类、豆类、花菜类）的主产区开展肥料、农药和农膜污染调查。

2. 畜禽养殖业　畜禽养殖业污染源 308 个，畜禽养殖业污染源以舍饲、半舍饲规模养殖为调查对象，针对猪、奶牛、肉牛、鸡蛋和肉鸡养殖过程中产生的畜禽粪便和污水展开调查。

3. 水产养殖业　水产养殖污染源 8 个，水产养殖业污染源以池塘养殖、网箱养殖、围栏养殖、浅海养殖、滩涂养殖、工厂化养殖为调查对象，针对鱼、虾、贝、蟹规模养殖过程中产生的污染展开调查。

第二节　农业面源污染普查结果与分析

一、种　植　业

长治市郊区农业污染源涉及耕地面积约为 16 万亩、园地面积为 1 488 亩。种植业污染源主要针对粮食作物（包括谷类、薯类和豆类）、经济作物（包括水果、花卉、油类、糖类以及棉、麻茶、烟草、中草药、中药材等）和蔬菜作物（包括叶菜类、瓜果类、茄果类、根菜类、豆类、花菜类）的主产区开展肥料、农药和农膜污染调查。化肥施用种类为尿素、碳酸氢铵、普通过磷酸钙、氯化钾和硫酸钾，施用量折合氮为 2 345.22 吨、磷为 1 436.78吨；农药使用量为 7.44 吨，毒死蜱残留量为 0.86 吨；秸秆产量为 9.92 万吨，还田量为 9.39 万吨，堆肥量为 6.201 吨，秸秆饲料为 0.02 万吨，其他去向量为 36.166 8

吨，焚烧量为 0.51 万吨；农膜使用量为 7.44 吨，地膜残留量为 0.86 吨。

二、畜禽养殖业

长治市郊区农业污染源普查规模化畜禽养殖业，其中养猪养殖场 18 个、养殖专业户 308 户；粪便产生量 8.92 万吨，尿液产生量 2.87 万吨；总氮产生量 948.72 吨，总氮排放量 138.97 吨；总磷产生量 225.39 吨，总磷排放量 28.68 吨；COD 产生量 16 337.57 吨，COD 排放量 2 322.78 吨；铜产生量 2 289.65 千克，铜排放量 647.25 千克；锌产生量 7 042.48 千克，锌排放量 945.11 千克。

三、水产养殖业

长治市郊区水产养殖业污染源普查 8 户，养殖总面积 255.5 亩。养殖总产量 35.5 吨，养殖增产量 15.8 吨；排入外部水体量 135 780.687 5 立方米，受纳水体漳泽水库。

四、总体评价

通过对长治市郊区 671 户农业污染源普查，总的来看，带来的污染较轻，在今后的生产和生活中应引起重视。

农户分散经营是当前长治市郊区耕地种植的主要类型。在生产中由于全区域降水量较少，肥料、农药用量低，综合考虑各普查户在肥料、农药和地膜消耗量、污染强度及经营规划等方面的差异，主要考虑水土流失造成的肥料、农药流失及地膜残留污染。

长治市郊区为传统养殖区，规模化养殖场、养殖小区和养殖专业户共存。由于水资源相对缺乏，一般以用水量少的干清粪为主。粪便处理方式有环保处理后达标排放、沼气综合利用、简单堆积后农田利用以及直接排放等多种方式，但环保处理量较低。

长治市郊区属内陆淡水养殖北部区。全区主要养殖种类有鲤、鲫、鲢、草鱼等，以水库、塘养殖为主。属于水域自净方法，养殖环保处理欠缺。

长治市郊区种植业秸秆焚烧量不大，地膜回收量为零，养殖业废水有一定程度的环境污染。

针对长治市郊区实际情况，对作物秸秆处理利用，可采用秸秆气化集中供气工程和秸秆沼气综合利用项目，对不同养殖规模的养殖场可按实际情况建设大中型沼气工程，以达到变废为宝、改善环境、利国利民的目的。

第三节　肥料农药施用对农田质量的影响

一、施肥对农田质量的影响

（一）耕地肥料施用量

长治市郊区大田作物主要为小麦和玉米。从调查情况看，小麦全生育期平均亩施纯氮

12.57 千克，五氧化二磷 2.73 千克，氧化钾 0.10 千克；玉米平均亩施纯氮 4.41 千克，五氧化二磷 0.62 千克。肥料品种主要为碳铵、尿素、过磷酸钙、硫酸钾、复合（混）肥等。

（二）施肥对农田的影响

在农业增产的诸多措施中，施肥是最有效、最重要的措施之一。无论施用化肥还是有机肥，都给土壤与作物带来大量的营养元素。特别是氮、磷、钾等化肥的施用，极大地增加了农作物的产量。可以说化肥的施用不仅是农业生产由传统向现代转变的标志，而且是农产品从数量和质量上提高与突破的根本。施肥能增加农作物产量、改善农产品品质、提高土壤肥力和改良土壤，而合理施肥可以减轻对环境的负面影响。虽然施肥的种种功能已逐渐被世人认识，但是由于肥料生产管理不善，施肥用量、施肥方法不当而造成的土壤、空气、水质、农产品的污染也引起人们的普遍关注。

目前，肥料对农业环境的污染主要表现在 4 个方面：

1. 肥料对土壤的污染

（1）肥料对土壤的化学污染：许多肥料的制作、合成均是由不同的化学反应而形成的，属于化学产品。它们的某些产品特性由生产工艺所决定，具有明显的化学特征，它们所造成的污染均为化学污染。如一些过酸、过碱、过盐、无机盐类，含有有毒、有害矿物质制成的肥料，使用不当，极易造成土壤污染。

一些肥料本身含有放射性元素，如磷肥，含有稀土、生长激素的叶面肥料等。放射性元素含量如超过国家规定的标准不仅污染土壤，还会造成农产品污染，进而损害人类健康。土壤被放射性物质污染后，通过放射性衰变，能产生 α、β、γ 射线。这些射线能穿透人体组织，使机体的一些组织细胞死亡。这些射线对机体既可造成外照射损伤，又可通过饮食或吸收进入人体，造成内照射损伤，使受害人头昏、疲乏无力、脱发、白细胞减少或增多、癌变等。

还有一些矿粉肥、矿渣肥、垃圾肥、叶面肥、专用肥、微肥等肥料中均不同程度地含有一些有毒、有害的物质，如常见的有砷、镉、铅、铬、汞等，俗称“五毒元素”，它们不仅在土壤环境中容易富集，而且还非常容易在植株体和人体内造成积累，影响作物生长和人类健康。如土壤中汞含量过高，会抑制夏谷的生长发育，使其株高、叶面积、干物重及产量降低。土壤被有毒化学物质污染后，对人体所产生的影响大部分都是间接的，主要是通过农作物、地表水或地下水对人体产生负面影响。

（2）肥料对土壤的生物性污染：未经无害化处理的人畜粪尿、城市垃圾、食品工业废渣、污水污泥等有机废弃物制成的有机肥料或一些微生物肥料直接施入农田会使土壤受到病原体和杂菌的污染。这些病原体包括各种病毒、病菌、有害杂菌和寄生虫卵等。它们在土壤中生存时间较长，如痢疾杆菌能在土壤中生存 22～142 天，结核杆菌能生存一年左右，蛔虫卵能生存 315～420 天，沙门氏菌能生存 35～70 天，等等。它们可以通过土壤进入植物体内，使植株产生病变，影响其正常生长或通过农产品进入人体，给人类健康造成危害。

还有一些病毒性粪便是一些病虫害的诱发剂，如鸡粪直接施入土壤，极易诱发地老虎，进而造成对植物根系的破坏。此外，被有机废弃物污染的土壤，是蚊蝇孳生和鼠类系列的场所，不仅带来传染病，还能阻塞土壤孔隙，破坏土壤结构，影响土壤的自净能力，危害作物正常生长。

（3）肥料对土壤的物理污染：土壤的物理污染易被忽视。其实肥料对土壤的物理污染经常可见。如生活垃圾、建筑垃圾未按要求分筛处理或无害化处理而制成的有机肥料中含有大量金属碎片、玻璃碎片、砖瓦水泥碎片、塑料薄膜、橡胶、废旧电池等不易腐烂物品，进入土壤后不仅影响土壤结构性、保水保肥性、土壤耕性，甚至使土壤质量下降、农产品产量锐减、品质下降，严重者使生态环境恶化。

2. 肥料对水体的污染 海洋赤潮和湖泊水华是当今我国面临的重要污染治理课题，其主要污染因子是无机氮和活性磷酸。氮、磷、有机物是水体微生物的营养物质，为微生物的生长繁殖提供物质基础。施肥不当会引起养分随水体流失，进而在湖泊、河流和海洋富集，从而加重赤潮和水华的发生。

另外，在肥料氮、磷、钾三要素中，磷、钾在土壤中易被吸附或固定，而氮肥易被淋失，所以过量施用氮肥容易引起地下水的污染，硝态氮是地下水污染的主要形式。我国的地下水多数由地表水作为补给水源，地表水污染势必影响到地下水水质，而且地下水一旦受污染后，要恢复是十分困难的。

3. 施肥对大气的污染 施用化肥所造成的大气污染物主要有 NH_3、NO_2、CH_4、恶臭及重金属微粒、病菌等。在化肥中，气态氮肥碳酸氢铵中有氨的成分。氨是极易发挥的气态物质，喷施、撒施或覆土较浅时均易造成氨的挥发，从而造成空气中氨的污染。NH_3受光照射或硝化作用生成 NO_2，NO_2是光污染物质，其危害更为严重。

叶面肥和一些植物生长调节剂不同程度地含有一些重金属元素，如镉、铅、镍、铬、锰、汞、砷、氟等，虽然它们的浓度很低，但通过喷施散发在大气中可直接造成大气的污染，危害人类。

有机肥或堆沤肥会散发出恶臭、病原微生物从而对空气造成污染。

这些大气污染物不仅对人体眼睛、皮肤有刺激作用，其臭味可引起感官性状的不良反应，还会降低大气能见度、减弱太阳辐射强度、腐蚀建筑物、恶化居民生活环境和影响人体健康。

4. 施肥对农产品的污染 施肥对农产品的污染首先表现在不合理施肥致使农产品品质下降。被污染的农产品还会以食物链传递的形式危害人类健康。

近几年，由于化肥的逐年增和不合理搭配，农产品品质普遍呈下降趋势。如粮食中重金属元素超标、瓜果的含糖量下降、苹果的苦痘病、番茄的脐腐病的发病率上升，蔬菜中硝酸盐、亚硝酸盐的污染日趋严重，食品的加工、储存性变差。

施肥对农产品污染的另一个表现是其对农产品生物特性的影响。肥料中的一些生物污染物在污染土壤、大气、水体的同时也会感染农作物，使农作物各种病虫害频繁发生，严重影响农作物的正常生长发育，致使产量锐减。

二、农药对农田的影响

（一）农药施用品种及数量

从农户调查情况看，长治市郊区农药施用量为 7.43 吨。农药主要有以下几种：毒死蜱折纯量 3.58 吨，2，4－D 丁酯折纯量 0.45 吨，克百威折纯量 2.65 吨，吡虫啉折纯量 0.75 吨。

（二）农药施用对农田的影响

农药是防治病虫害和控制杂草的重要手段，也是控制某些疾病的病媒昆虫（如蚊、蝇等）的重要药剂。但长期和大量使用农药，也造成了广泛的环境污染。农药污染对农田环境与人体健康的危害，已逐渐引起人们的重视。

当前使用的农药，按其作用来划分，有杀虫剂、杀菌剂和除草剂等；按其化学组成划分，有有机氯、有机磷、有机汞、有机砷和氨基甲酸酯等几大类。由于农药种类多、用量大，农药污染已成为环境污染的一个重要方面。

1. 对环境的污染　农药是一种微量的化学环境污染物，它的使用对空气、土壤和水体造成污染。

2. 对健康的危害　环境中的农药，可通过消化道、呼吸道和皮肤等途径进入人体，对人类健康产生各种危害。

3. 农药使用所造成的主要环境问题　①农药施入大田后直接污染土壤，造成土壤农残污染；②造成地下水的污染；③造成农产品质量降低；④破坏大田内生态系统的稳定与平衡；⑤对土壤微生物群落形成一定程度的抑制作用。

第四节　耕地土壤环境存在的主要问题及对策建议

一、存在的主要问题

1. 肥料、农药流失以及地膜残留污染　长治市郊区肥料及农药用量虽较为适中，但长期应用后土壤的吸附降解能力会相应减弱，能够引起轻微的环境污染；废弃地膜残留在田间或散落在周围环境中会影响市容景观，在土壤中大面积残留和长期积累会造成土壤透气性差，进而影响农作物的播种、出苗及养分和水分吸收，导致农作物减产。

2. 秸秆焚烧和随意丢弃污染　秸秆的随意焚烧会释放大量烟尘，引起大气污染，危害农村生态环境、交通安全和人体健康。随意丢弃的作物秸秆散落在环境中，无法及时被微生物分解利用，从而造成对土壤、水体和大气环境的污染。

二、对策建议

1. 实施测土配方施肥技术　通过测土配方施肥均衡作物营养，平衡养分配比，提高肥料利用率，减少肥料的挥发和流失等浪费，减轻对地下水硝酸盐的积累和面源污染从而保护农业生态环境。

2. 规范使用农药、科学运用地膜　严格控制高毒农药流入市场，培训农民科学、合理、规范使用农药，减少农药的残留；引导农民积极清理废旧地膜，大力推过使用可降解地膜。

3. 推广秸秆还田技术　采取各种措施禁烧秸秆，大力推广秸秆还田技术，有效增加土壤有机质，提高耕地综合生产能力，实现农业的可持续发展。

第六章　中低产田类型、分布及改良利用

第一节　中低产田类型及分布

中低产田是指存在各种制约农业生产的土壤障碍因素，产量相对低而不稳定的耕地。

通过对长治市郊区耕地地力状况的调查，根据土壤主导障碍因素的改良主攻方向，依据《全国中低产田类型划分与改良技术规划》（NY/T 310—1996），结合实际进行分析，长治市郊区中低产田包括 2 个类型：瘠薄培肥型、干旱灌溉型。中低产田面积为 126 891.47亩，占总耕地面积的 78.44%。各类型面积情况统计见表 6－1。

表 6－1　长治市郊区中低产田各类型面积情况统计

类　型	面积（亩）	占总耕地面积（%）	占中低产田面积（%）
瘠薄培肥型	54 288.76	33.56	42.78
干旱灌溉型	72 602.71	44.88	57.22
合　　计	126 891.47	78.44	100

一、瘠薄培肥型

瘠薄培肥型是指受气候、地形条件限制，造成干旱、缺水、土壤养分含量低、结构不良、投肥不足、产量低于当地高产农田，只能通过连年深耕、培肥土壤、改革耕作制度，推广旱农技术等长期性的措施逐步加以改良的耕地。

长治市郊区瘠薄培肥型中低产田面积为 54 288.76 亩，占总耕地面积的 33.56%。共有 1 488 个评价单元，分布在全区各个乡（镇）的村庄。

二、干旱灌溉型

干旱灌溉改良型是指由于气候条件造成的降水不足或季节性出现不均，又缺少必要的调蓄手段，以及地形、土壤性状等方面的原因，造成的保水蓄水能力的缺陷，不能满足作物正常生长所需的水分需求，但又具备水源开发条件，可以通过发展灌溉加以改良的耕地。

长治市郊区干旱灌溉型中低产田面积为 72 602.71 亩，占总耕地面积的 44.88%。共有 1 401 个评价单元，分布在全区各个乡（镇）的村庄。

第二节　生产性能及存在问题

一、瘠薄培肥型

该类型区域土壤轻度侵蚀或中度侵蚀，多数为旱耕地。土壤类型是潮土、粗骨土、褐土，土壤母质为黄土母质，耕层质地主要为沙壤土、轻壤土、轻黏土，耕层厚度平均为18厘米。地力等级为3～4级，耕层养分含量有机质17.44克/千克，全氮0.72克/千克，有效磷12.01毫克/千克，速效钾161.26毫克/千克。存在的主要问题是地面不平，水土流失严重，干旱缺水，土质粗劣，肥力较差。

二、干旱灌溉型

该类型区地面坡度0°～15°，园田化水平低，土壤类型是潮土、粗骨土、褐土，土壤母质黄土母质，耕层质地主要为沙壤土、轻壤土、轻黏土，耕层厚度平均为18厘米。地力等级为2级，耕层养分含量有机质17.99克/千克，全氮0.74克/千克，有效磷11.94毫克/千克，速效钾166.81毫克/千克。主要问题是干旱缺水，水利条件差，灌溉率<60%，施肥水平低，管理粗放，产量不高。

长治市郊区中低产田各类型土壤养分含量平均值统计见表6-2。

表6-2　长治市郊区中低产田各类型土壤养分含量平均值统计

类　型	有机质（克/千克）	全氮（克/千克）	有效磷（毫克/千克）	速效钾（毫克/千克）
瘠薄培肥型	17.44	0.72	12.01	161.26
干旱灌溉型	17.99	0.74	11.94	166.81
平均值	17.74	0.73	12.89	166.46

第三节　改良利用措施

长治市郊区中低产田面积126 891.47亩，占全区总耕地面积的78.44%。严重影响全区农业生产的发展和农业经济效益，应因地制宜进行改良。

中低产田的改良、耕作、培肥是一项长期而艰巨的任务。通过工程、生物、农艺、化学等综合措施，消除或减轻中低产田土壤限制农业产量提高的各种障碍因素，提高耕地基础地力。其中，耕作培肥对中低产田的改良效果是极其显著的。具体措施如下：

1. 工程措施操作规程　根据地形和地貌特征，进行详细的测量规划，计算土方量，绘制了规划图，为项目实施提供科学的依据，并提出实施方案。涉及内容包括里切外垫、整修地埂和生产路。

（1）里切外垫操作规程：一是就地填挖平衡，土方不进不出；二是平整后从外到内要形成1°的坡度。

（2）修筑田埂操作规程：要求地埂截面为梯形，上宽0.3米、下宽0.4米、高0.5米，其中有0.25米在活土层以下。

2. 增施畜禽肥培肥技术 利用周边养殖农户多的有利条件，亩增施农家肥1吨、48千克万特牌有机肥，待作物收获后及时旋耕深翻入土。

3. 小麦秸秆旋耕覆盖还田技术 利用秸秆还田机、把小麦秸秆粉碎，亩用小麦秸秆200千克；或采用深翻使秸秆翻入地里，或用深松机进行深松作业，秸秆进行休闲期覆盖。并增施氮肥（尿素）2.5千克，撒于地面，深耕入土，要求深翻30厘米以上。

4. 测土配方施肥技术 根据化验结果、土壤供肥性能、作物需肥特性、目标产量、肥料利用率等因子，拟定小麦配方施肥方案如下：旱地：＞250千克/亩，每亩施用配方比例纯氮（N）-磷（P_2O_5）-钾（K_2O）为10－6－0的配方肥；150～250千克/亩，每亩施用配方比例纯氮-磷-钾为8－6－0的配方肥；＜150千克/亩，每亩施用配方比例纯氮-磷-钾为6－4－0的配方肥。

5. 绿肥翻压还田技术 小麦收获后，结合第一场降雨，因地制宜地种植绿豆等豆科绿肥。将绿肥种子3千克、硝酸磷复合肥5千克，用旋耕播种机播种。待绿肥植株长到一定程度，为了确保绿肥腐烂，不影响小麦播种，结合伏天降雨用旋耕机将绿肥植株粉碎后翻入土中。

6. 施用抗旱保水剂技术 小麦播种前，用抗旱保水剂1.5千克与有机肥均匀混合后施入土中，或于小麦生长后期进行多次喷施。

7. 增施硫酸亚铁熟化技术 经过里切外垫后的地块，采用土壤改良剂硫酸亚铁进行土壤熟化。动土方量小的地块，每亩用硫酸亚铁20～30千克，动土方量大的地块，每亩用30～40千克，于麦收后按要求均匀施入。

8. 深耕增厚耕作层技术 采用60马力*拖拉机悬挂深耕松犁或带4～6铧深耕犁，在小麦收获后进行土壤深松耕，要求耕作深度30厘米以上。

然而，不同的中低产田类型有其自身的特点，在改良利用中应针对这些特点，采取相应的措施，现分述如下：

一、瘠薄培肥型中低产田的改良利用

1. 平整土地与条田建设 将平坦垣面及缓坡地规划成条田，平整土地，以蓄水保墒。有条件的地方，开发利用地下水资源和引水上垣，逐步扩大垣面水浇地面积。通过水土保持和提高水资源开发水平，发展粮果生产。

2. 实行水保耕作法 在平川区推广地膜覆盖、生物覆盖等旱农技术：山地、丘陵推广丰产沟田或者其他高耕作物及种植制度和地膜覆盖、生物覆盖等旱农技术，有效保持土壤水分，满足作物需求，提高作物产量。

---

* 马力为非法定计量单位。1马力＝735.499瓦。

3. 大力兴建林带植被　因地制宜地造林、种草与农作物种植有效结合，兼顾生态效益和经济效益，发展复合农业。

二、干旱灌溉改良型中低产田的改良利用

1. 水源开发及调蓄工程　干旱灌溉型中低产田地处位置，具备水资源开发条件。在这类地区增加适当数量的水井、修筑一定数量的调水、蓄水工程，以保证一年一熟地浇水3～4次，毛灌定额300～400立方米/亩；一年两熟地浇水4～5次，毛灌定额400～500立方米/亩。

2. 田间工程及平整土地　一是平田整地采取小畦浇灌，节约用水，扩大浇水面积；二是积极发展管灌、滴灌，提高水的利用率；三是丘陵二级阶地除适量增加深井外，要进一步修复和提高电灌的潜力，扩大灌溉面积。东部平川二级阶地要充分发挥引现有灌溉的作用，可采取多种措施，增加灌溉面积。

第七章　耕地地力评价与测土配方施肥

第一节　测土配方施肥的原理与方法

一、测土配方施肥的含义

测土配方施肥是以肥料田间试验、土壤测试为基础，根据作物需肥规律、土壤供肥性能和肥料效应，在合理施用有机肥料的基础上，提出氮、磷、钾及中、微量元素等肥料的施用品种、数量、施肥时期和施用方法。通俗地讲，就是在农业科技人员指导下科学施用配方肥。测土配方施肥技术的核心是调整和解决作物需肥与土壤供肥之间的矛盾。同时要有针对性地补充作物所需的营养元素，作物缺什么元素就补充什么元素，需要多少补充多少，实现各种养分平衡供应，满足作物的需要。达到增加作物产量、改善农产品品质、节省劳力、节支增收的目的。

二、应用前景

土壤有效养分是作物营养的主要来源，施肥是补充和调节土壤养分数量与补充作物营养最有效手段之一。作物因其种类、品种、生物学特性、气候条件及农艺措施等诸多因素的影响，其需肥规律差异较大。因此，及时了解不同作物种植土壤中的土壤养分变化情况，对于指导科学施肥具有广阔的发展前景。

测土配方施肥是一项应用性很强的农业科学技术，在农业生产中大力推广应用，对促进农业增效、农民增收具有十分重要的作用。通过测土配方施肥的实施，能达到 5 个目标：

1. 节肥增产　在合理施用有机肥的基础上，提出合理的化肥投入量，调整养分配比，使作物产量在原有基础上能最大限度地发挥其增产潜能。

2. 提高产品品质　通过田间试验和土壤养分化验，在掌握土壤供肥状况，优化化肥投入的前提下，科学调控作物所需养分的供应，达到改善农产品品质的目标。

3. 提高肥效　在准确掌握土壤供肥特性、作物需肥规律和肥料利用率的基础上，合理设计肥料配方，从而达到提高产投比和增加施肥效益的目标。

4. 培肥改土　实施测土配方施肥必须坚持用地与养地相结合、有机肥与无机肥相结合，在逐年提高作物产量的基础上，不断改善土壤的理化性状，达到培肥和改良土壤，提高土壤肥力和耕地综合生产能力，实现农业可持续发展。

5. 生态环保　实施测土配方施肥，可有效地控制化肥特别是氮肥的投入量，提高肥料利用率，减少肥料的面源污染，避免因施肥引起的富营养化，实现农业高产和生态环保相协调的目标。

三、测土配方施肥的依据

1. 土壤肥力是决定作物产量的基础　肥力是土壤的基本属性和质的特征，是土壤从养分条件和环境条件方面，供应和协调作物生长的能力。土壤肥力是土壤的物理、化学、生物学性质的反映，是土壤诸多因子共同作用的结果。农业科学家通过大量的田间试验和示踪元素的测定证明，作物产量的构成，有40%～80%的养分吸收自土壤。养分吸收自土壤比例的大小和土壤肥力的高低有着密切的关系，土壤肥力越高，作物吸收自土壤养分的比例就越大，相反，土壤肥力越低，作物吸收自土壤的养分越少，那么肥料的增产效应相对增大，但土壤肥力低绝对产量也低。要提高作物产量，首先要提高土壤肥力，而不是依靠增加肥料。因此，土壤肥力是决定作物产量的基础。

2. 测土配方施肥主要原则　有机与无机相结合、大中微量元素相配合、用地和养地相结合是测土配方施肥的主要原则，实施配方施肥必须以有机肥为基础，土壤有机质含量是土壤肥力的重要指标。增施有机肥可以增加土壤有机质含量，改善土壤理化生物性状，提高土壤保水保肥性能，增强土壤活性，促进化肥利用率的提高，各种营养元素的配合才能获的高产稳产。要使作物-土壤-肥料形成物质和能量的良性循环，必须坚持用养结合，投入产出相对平衡，保证土壤肥力的逐步提高，达到农业的可持续发展。

3. 测土配方施肥理论依据　测土配方施肥是以养分归还学说、最小养分律、同等重要律、不可代替律、肥料效应报酬递减律和因子综合作用律等为理论依据，以确定不同养分的施肥总量和肥料配比为主要内容。同时注意良种、田间管护等影响肥效的诸多因素，形成了测土配方施肥的综合资源管理体系。

（1）养分归还学说：作物产量的形成有40%～80%的养分来自土壤。但不能把土壤看作一个取之不尽，用之不竭的“养分库”。为保证土壤有足够的养分供应容量和强度，保证土壤养分的携出与输入间的平衡，必须通过施肥这一措施来实现。依靠施肥，可以把作物吸收的养分“归还”土壤，确保土壤肥力。

（2）最小养分律：作物生长发育需要吸收各种养分，但严重影响作物生长，限制作物产量的是土壤中那种相对含量最小的养分因素，也就是最缺的那种养分。如果忽视这个最小养分，即使继续增加其他养分，作物产量也难以提高。只有增加最小养分的量，产量才能相应提高。经济合理的施肥是将作物所缺的各种养分同时按作物所需比例相应提高，作物才会优质高产。

（3）同等重要律：对作物来讲，不论大量元素或微量元素，都是同样重要缺一不可的，即使缺少某一种微量元素，尽管它的需要量很少，仍会影响某种生理功能而导致减产。微量元素和大量元素同等重要，不能因为需要量少而忽略。

（4）不可替代律：作物需要的各种营养元素，在作物体内都有一定的功效，相互之间不能替代，缺少什么营养元素，就必须施用含有该元素的肥料进行补充，不能互相替代。

（5）肥料效应报酬递减律：随着投入的单位劳动和资本量的增加，报酬的增加却在减少，当施肥量超过适量时，作物产量与施肥量之间单位施肥量的增产会呈递减趋势。

（6）因子综合作用律：作物产量的高低是由影响作物生长发育诸因素综合作用的结

果，但其中必有一个起主导作用的限制因子，产量在一定程度上受该限制因素的制约。为了充分发挥肥料的增产作用和提高肥料的经济效益，一方面，施肥措施必须与其他农业技术措施相结合，发挥生产体系的综合功能；另一方面，各种养分之间的配合施用，也是提高肥效不可忽视的问题。

四、测土配方施肥确定施肥量的基本方法

1. 土壤与植物测试推荐施肥方法 该技术综合了目标产量法、养分丰缺指标法和作物营养诊断法的优点。对于大田作物，在综合考虑有机肥、作物秸秆应用和管理措施的基础上，根据氮、磷、钾和中、微量元素养分的不同特征，采取不同的养分优化调控与管理策略。其中，氮肥推荐根据土壤供氮状况和作物需氮量，进行实时动态监测和精确调控，包括基肥和追肥的调控；磷、钾肥通过土壤测试和养分平衡进行监控；中、微量元素采用因缺补缺的矫正施肥策略。该技术包括氮素实时监控、磷钾养分恒量监控和中、微量元素养分矫正施肥技术。

（1）氮素实时监控施肥技术：根据不同土壤、不同作物、不同目标产量确定作物需氮量，以需氮量的30%～60%作为基肥用量。具体基施比例根据土壤全氮含量，同时参照当地丰缺指标来确定。一般在全氮含量偏低时，采用需氮量的50%～60%作为基肥；在全氮含量居中时，采用需氮量的40%～50%作为基肥；在全氮含量偏高时，采用需氮量的30%～40%作为基肥。30%～60%基肥比例可根据上述方法确定，并通过“3414”田间试验进行校验，建立当地不同作物的施肥指标体系。有条件的地区可在播种前对0～20厘米土壤无机氮进行监测，调节基肥用量。

$$\text{基肥用量（千克/亩）}=\frac{\text{（目标产量需氮量}-\text{土壤无机氮）}\times\text{（30\%～60\%）}}{\text{肥料中养分含量}\times\text{肥料当季利用率}}$$

式中：土壤无机氮（千克/亩）＝土壤无机氮测试值（毫克/千克）×0.15×校正系数

氮肥追肥用量推荐以作物关键生育期的营养状况诊断或土壤硝态氮的测试为依，这是实现氮肥准确推荐的关键环节，也是控制过量施氮或施氮不足、提高氮肥利用率和减少损失的重要措施。测试项目主要是土壤全氮含量、土壤硝态氮含量或小麦拔节期茎基部硝酸盐浓度、玉米最新展开叶叶脉中部硝酸盐浓度，水稻采用叶色卡或叶绿素仪进行叶色诊断。

（2）磷钾养分恒量监控施肥技术：根据土壤有（速）效磷、钾含量水平，以土壤有（速）效磷、钾养分不成为实现目标产量的限制因子为前提，通过土壤测试和养分平衡监控，使土壤有（速）效磷、钾含量保持在一定范围内。对于磷肥，基本思路是根据土壤有效磷测试结果和养分丰缺指标进行分级，当有效磷水平处在中等偏上时，可以将目标产量需要量（只包括带出田块的收获物）的100%～110%作为当季磷肥用量；随着有效磷含量的增加，需要减少磷肥用量，直至不施；随着有效磷的降低，需要适当增加磷肥用量，在极缺磷的土壤上，可以施到需要量的150%～200%。在2～3年后再次测土时，根据土壤有效磷和产量的变化再对磷肥用量进行调整。钾肥首先需要确定施用钾肥是否有效，再参照上面方法确定钾肥用量，但需要考虑有机肥和秸秆还田带入的钾量。一般大田作物

磷、钾肥料全部做基肥。

（3）中、微量元素养分矫正施肥技术：中、微量元素养分的含量变幅大，作物对其需要量也各不相同。主要与土壤特性（尤其是母质）、作物种类和产量水平等有关。矫正施肥就是通过土壤测试，评价土壤中、微量元素养分的丰缺状况，进行有针对性的因缺补缺的施肥。

2. 肥料效应函数法　根据“3414”方案田间试验结果，建立当地主要作物的肥料效应函数，直接获得某一区域、某种作物的氮、磷、钾肥料的最佳施用量，为肥料配方和施肥推荐提供依据。

3. 土壤养分丰缺指标法　通过土壤养分测试结果和田间肥效试验结果，建立不同作物、不同区域的土壤养分丰缺指标，提供肥料配方。

土壤养分丰缺指标田间试验也可采用“3414”部分实施方案。“3414”方案中的处理1为空白对照（CK），处理6为全肥区（NPK），处理2、4、8为缺素区（即PK、NK和NP）。收获后计算产量，用缺素区产量占全肥区产量百分数即相对产量的高低来表达土壤养分的丰缺情况。相对产量低于50%的土壤养分为极低；相对产量50%～60%（不含）为低，60%～70%（不含）为较低，70%～80%（不含）为中，80%～90%（不含）为较高，90%（含）以上为高（也可根据当地实际确定分级指标），从而确定适用于某一区域、某种作物的土壤养分丰缺指标及对应的肥料施用数量。对该区域其他田块，通过土壤养分测试，就可以了解土壤养分的丰缺状况，提出相应的推荐施肥量。

4. 养分平衡法

（1）基本原理与计算方法：根据作物目标产量需肥量与土壤供肥量之差估算施肥量，计算公式为：

$$施肥量（千克/亩）=\frac{目标产量所需养分总量-土壤供肥量}{肥料中养分含量\times肥料当季利用率}$$

养分平衡法涉及目标产量、作物需肥量、土壤供肥量、肥料利用率和肥料中有效养分含量五大参数。土壤供肥量即为“3414”方案中处理1的作物养分吸收量。目标产量确定后因土壤供肥量的确定方法不同，形成了地力差减法和土壤有效养分校正系数法两种。

地力差减法是根据作物目标产量与基础产量之差来计算施肥量的一种方法。其计算公式为：

$$施肥量（千克/亩）=\frac{（目标产量-基础产量）\times单位经济产量养分吸收量}{肥料中养分含量\times肥料利用率}$$

基础产量即为“3414”方案中处理1的产量。

土壤有效养分校正系数法是通过测定土壤有效养分含量来计算施肥量。其计算公式为：

$$\begin{matrix}施肥量\\（千克/亩）\end{matrix}=\frac{\begin{matrix}作物单位产量\\养分吸收量\end{matrix}\times目标产量-土壤测试值\times0.15\times土壤有效养分校正系数}{肥料中养分含量\times肥料利用率}$$

（2）有关参数的确定：

①目标产量。目标产量可采用平均单产法来确定。平均单产法是利用施肥区前3年平均单产和年递增率为基础确定目标产量，其计算公式是：

$$目标产量（千克/亩）=（1+递增率）\times前3年平均单产（千克/亩）$$

一般粮食作物的递增率为10%～15%，露地蔬菜为20%，设施蔬菜为30%。

②作物需肥量。通过对正常成熟的农作物全株养分的分析，测定各种作物百千克经济产量所需养分量，乘以目标常量即可获得作物需肥量。

$$作物目标产量所需养分量（千克）=\frac{目标产量（千克）}{100}\times 百千克产量所需养分量（千克）$$

③土壤供肥量。土壤供肥量可以通过测定基础产量、土壤有效养分校正系数两种方法估算：

通过基础产量估算（处理1产量）：不施肥区作物所吸收的养分量作为土壤供肥量。

$$土壤供肥量（千克）=\frac{不施养分区农作物产量（千克）}{100}\times 百千克产量所需养分量（千克）$$

通过土壤有效养分校正系数估算：将土壤有效养分测定值乘一个校正系数，以表达土壤“真实”供肥量。该系数称为土壤有效养分校正系数。

$$土壤有效养分校正系数（\%）=\frac{缺素区作物地上部分吸收该元素量（千克/亩）}{该元素土壤测定值（毫克/千克）\times 0.15}$$

④肥料利用率。一般通过差减法来计算：利用施肥区作物吸收的养分量减去不施肥区农作物吸收的养分量，其差值视为肥料供应的养分量，再除以所用肥料养分量就是肥料利用率。

$$肥料利用率（\%）=\frac{施肥区农作物吸收养分量（千克/亩）-缺素区农作物吸收养分量（千克/亩）}{肥料施用量（千克/亩）\times 肥料中养分含量（\%）}\times 100$$

上述公式以计算氮肥利用率为例来进一步说明。

施肥区（NPK区）农作物吸收养分量（千克/亩）：“3414”方案中处理6的作物总吸氮量。

缺氮区（PK区）农作物吸收养分量（千克/亩）：“3414”方案中处理2的作物总吸氮量。

肥料施用量（千克/亩）：施用的氮肥肥料用量。

肥料中养分含量（%）：施用的氮肥肥料所标明的含氮量。

如果同时使用了不同品种的氮肥，应计算所用的不同氮肥品种的总氮量。

⑤肥料养分含量。供施肥料包括无机肥料与有机肥料。无机肥料、商品有机肥料含量按其标明量，不明养分含量的有机肥料养分含量可参照当地不同类型有机肥养分平均含量获得。

第二节　田间肥效试验及施肥指标体系建立

根据农业部及山西省农业厅测土配肥项目实施方案的安排和山西省土壤肥料工作站制定的《山西省主要作物“3414”肥料效应田间试验方案》《山西省主要作物测土配方施肥示范方案》所规定标准，为摸清长治市郊区土壤养分校正系数、土壤供肥能力、不同作物养分吸收量和肥料利用率等基本参数；掌握农作物在不同施肥单元的优化施肥量、施肥时期和施肥方法；构建农作物科学施肥模型，为完善测土配方施肥技术指标体系提供科学依据，从2010年秋季，在大面积实施测土配方施肥的同时，安排实施了各类试验示范90点次，取得了大量的科学试验数据，为下一步的测土配方施肥工作奠定了良好的基础。

一、测土配方施肥田间试验的目的

田间试验是获得各种作物最佳施肥品种、施肥比例、施肥时期、施肥方法的唯一途径，也是筛选、验证土壤养分测试方法、建立施肥指标体系的基本环节。通过田间试验，掌握各个施肥单元不同作物优化施肥数量，基、追肥分配比例，施肥时期和施肥方法；摸清土壤养分较正系数、土壤供肥能力、不同作物养分吸收量和肥料利用率等基本参数；构建作物施肥模型，为施肥分区和肥料配方设计提供依据。

二、测土配方施肥田间试验方案的设计

1. 田间试验方案设计　按照《规范》的要求，以及山西省农业厅土壤肥料工作站《测土配方施肥实施方案》的规定，根据长治市郊区主栽作物玉米的实际，采用“3414”方案设计。“3414”的含义是指氮、磷、钾 3 个因素、4 个水平、14 个处理。4 个水平的含义：0 水平指不施肥；2 水平指当地推荐施肥量；1 水平＝2 水平×0.5；3 水平＝2 水平×1.5（该水平为过量施肥水平）。

“3414”完全试验设计方案处理编制见表 7－1。

表 7－1　“3414”完全试验设计方案处理编制

试验编号	处理编码	施肥水平		
		N	P	K
1	$N_0P_0K_0$	0	0	0
2	$N_0P_2K_2$	0	2	2
3	$N_1P_2K_2$	1	2	2
4	$N_2P_0K_2$	2	0	2
5	$N_2P_1K_2$	2	1	2
6	$N_2P_2K_2$	2	2	2
7	$N_2P_3K_2$	2	3	2
8	$N_2P_2K_0$	2	2	0
9	$N_2P_2K_1$	2	2	1
10	$N_2P_2K_3$	2	2	3
11	$N_3P_2K_2$	3	2	2
12	$N_1P_1K_2$	1	1	2
13	$N_1P_2K_1$	1	2	1
14	$N_2P_1K_1$	2	1	1

2. 试验材料　供试肥料分别为中国石化生产的 46％尿素，云南生产的 12％过磷酸钙，天津生产的 50％硫酸钾。

三、测土配方施肥田间试验设计方案的实施

1. 人员与布局　在长治市郊区多年耕地土壤肥力动态监测和耕地分等定级的基础

上，将全区耕地进行高、中、低肥力区划，确定不同肥力的测土配方施肥试验所在地点，同时在对承担试验的农户科技水平与责任性、地块大小、地块代表性等条件综合考察的基础上，确定试验地块。试验田的田间规划、施肥、播种、浇水以及生育期观察、田间调查、室内考种、收获计产等工作都由专业技术人员严格按照田间试验技术规程进行操作。

长治市郊区的测土配方施肥“3414”类试验主要在玉米进行，完全试验不设重复，不完全试验设 3 次重复。2009—2011 年，在进行“3414”类试验 15 点次，校正试验 10 点次。

2. 试验地选择 试验地选择平坦、整齐、肥力均匀，具有代表性的不同肥力水平的地块；坡地选择坡度平缓、肥力差异较小的田块；试验地避开了道路、堆肥场所等特殊地块。

3. 试验作物品种选择 田间试验选择当地主栽作物品种或拟推广品种。

4. 试验准备 整地、设置保护行、试验地区划；小区应单灌单排，避免串灌串排；试验前采集了土壤样。

5. 测土配方施肥田间试验的记载 田间试验记载的具体内容和要求：

（1）试验地基本情况，包括：

地点：省、市、区、村、邮编、地块名、农户姓名。

定位：经度、纬度、海拔。

土壤类型：土类、亚类、土属、土种。

土壤属性：土体构型、耕层厚度、地形部位及农田建设、侵蚀程度、障碍因素、地下水位等。

（2）试验地土壤、植株养分测试：有机质、全氮、碱解氮、有效磷、速效钾、pH 等土壤理化性状，必要时进行植株营养诊断和中微量元素测定等。

（3）气象因素：多年平均及当年分月气温、降水、日照和湿度等气候数据。

（4）前茬情况：作物名称、品种、品种特征、亩产量，以及 N、P、K 肥和有机肥的用量、价格等。

（5）生产管理信息：灌水、中耕、病虫防治、追肥等。

（6）基本情况记录：品种、品种特性、耕作方式及时间、耕作机具、施肥方式及时间、播种方式及工具等。

（7）生育期记录：主要记录播种期、播种量、平均行距、出苗期、现蕾期、枯萎期。

（8）生育指标调查记载：主要调查和室内考种记载：基本苗、株高、茎粗、分支数、每株块数、平均快重、小区产量。

6. 试验操作及质量控制情况 试验田地块的选择严格按方案技术要求进行，同时要求承担试验的农户要有一定的科技素质和较强的责任心，以保证试验田各项技术措施准确到位。

7. 数据分析 田间调查和室内考种所得数据，全部按照肥料效应鉴定田间试验技术规程操作，利用 Excel 程序和“3414”田间试验设计与数据分析管理系统进行分析。

四、试验实施情况

1. 试验情况

（1）“3414”完全试验：共安排 17 点次。分布在 5 个乡（镇）的 7 个村。

（4）校正试验：共安排玉米 20 点次，分布在 5 个乡（镇）的 7 个村。

2. 试验示范效果

（1）“3414”完全试验：玉米“3414”试验。共有 17 点次。共获得三元二次回归方程 17 个，相关系数全部达到极显著水平。

（2）校正试验（示范）：完成玉米校正试验 20 点次，通过校正试验 3 年玉米平均配方施肥比常规施肥亩增产玉米 51 千克，增产 11.5%，亩增纯收益 81.6 元。

3 年来，长治市郊区累计推广配方施肥 6 万亩，共推广玉米 6 万亩，增产 3 060 吨，增加纯收益 489.6 万元。

五、初步建立了玉米测土配方施肥丰缺指标体系

（一）初步建立了作物需肥量、肥料利用率、土壤养分校正系数等施肥参数

1. 作物需肥量　作物需肥量的确定，首先应掌握作物百千克经济产量所需的养分量。通过对正常成熟的农作物全株养分的分析，可以得出各种作物的百千克经济产量所需养分量。长治市郊区玉米 100 千克产量所需养分量为 N 0.50 千克、P_2O_5 0.2 千克、K_2O 1.06 千克。

2. 土壤供肥量　土壤供肥量可以通过测定基础产量，土壤有效养分校正系数两种方法计算：

（1）通过基础产量计算：不施肥区作物所吸收的养分量作为土壤供肥量，计算公式：

土壤供肥量＝不施肥养分区作物产量（千克）÷100×百千克产量所需养分量（千克）

（2）通过土壤养分校正系数计算：将土壤有效养分测定值乘一个校正系数，以表达土壤“真实”的供肥量。

确定土壤养分校正系数的方法是：

校正系数＝缺素区作物地上吸收该元素量/该元素土壤测定值×0.15

根据这个方法，初步建立了长治市郊区玉米的碱解氮、有效磷、速效钾的校正系数。

经计算，长治市郊区玉米的土壤养分校正系数见表 7-2：

表 7-2　长治市郊区玉米的土壤养分校正系数

单位：毫克/千克

作物	土壤养分	不同肥力土壤养分校正系数		
		高肥力	中肥力	低肥力
玉米	碱解氮	0.60	0.81	1.08
	有效磷	0.85	1.58	1.40
	速效钾	0.26	0.38	0.45

3. 肥料利用率 肥料利用率通过差减法来计算，方法是利用施肥区作物吸收的养分量减去不施肥区作物吸收的养分量，其差值为肥料供应的养分量，再除以所用肥料养分量就是肥料利用率。根据这个方法，初步得出长治市郊区玉米田肥料利用率分别为：N 32%、P_2O_5 12.5%、K_2O 35%。

4. 玉米目标产量的确定方法 利用施肥区前3年平均单产和年递增率为基础确定目标产量，其计算公式是：

目标产量（千克/亩）＝（1＋年递增率）×前3年平均单产（千克/亩）

玉米的递增率为10%～15%为宜。

5. 施肥方法 最常用的施肥方法有条施、撒施、穴施和放射状施。推广应用研究条施、穴施、轮施或放射状施。采用穴施或条施。施肥深度8～10厘米。施肥旱地地区基肥一次施入；氮肥分基肥、追肥施入，采取基肥占60%～70%，大喇叭口期30%～40%的施肥原则。

（二）初步建立了玉米丰缺指标体系

通过对各试验点相对产量与土测值的相关分析，按照相对产量达>95%、90%～95%、75%～90%、50%～75%、<50%将土壤养分划分为“极高”“高”“中”“低”“极低”5个等级，初步建立了玉米测土配方施肥丰缺指标体系。同时，根据“3414”试验结果，采用一元模型对施肥量进行模拟，根据散点图趋势，结合专业背景知识，选用一元二次模型或线性加平台模型推算作物最佳产量施肥量。按照土壤有效养分分级指标进行统计、分析，求平均值及上下限。

1. 玉米碱解氮肥丰缺指标 由于碱解氮的变化大，建立丰缺指标及确定对应的推荐施肥量难度很大，目前在实际工作中应用养分平衡法来进行施肥推荐，见表7-3。

表7-3 玉米碱解氮丰缺指标

等级	相对产量（%）	土壤碱解氮含量（毫克/千克）
高	>95	>70
中	75～95	50～70
低	50～75	30～50
极低	<50	<30

2. 玉米有效磷丰缺指标 见表7-4。

表7-4 玉米有效磷丰缺指标

等级	相对产量（%）	土壤碱解氮含量（毫克/千克）
高	>95	>25
中	75～95	10～25
低	50～75	2～10
极低	<50	<2

3. 玉米速效钾丰缺指标 见表 7－5。

表 7－5 玉米速效钾丰缺指标

等级	相对产量（%）	土壤碱解氮含量（毫克/千克）
高	＞95	＞240
中	75～95	150～240
低	50～75	80～150
极低	＜50	＜80

（三）初步制定了主要作物的推荐施肥配方

根据土壤养分化验结果、田间试验结果、作物产量水平、农田基础条件，结合大量的农户施肥情况调查和施肥经验，制订了不同区域、不同产量水平的玉米配方施肥方案。制定推荐施肥配方的原则：一是确定经济合理施肥量，优化施肥时期，采用科学施肥方法，提高肥料利用率；二是针对磷钾肥价格较高、供应紧张的形势，引导农民选择适宜的肥料品种，降低生产成本；三是鼓励多施有机肥料，提倡秸秆还田。

玉米配方施肥总体方案

（1）产量水平 500 千克/亩以下：玉米产量 500 千克/亩以下地块，氮肥（N）用量推荐为 10～11 千克/亩，磷肥（P_2O_5）用量 4～6 千克/亩。亩施农家肥 1 000 千克以上。

（2）产量水平 500～600 千克/亩：玉米产量在 500～600 千克/亩的地块，氮肥（N）用量推荐为 13～15 千克/亩，磷肥（P_2O_5）用量 5～7 千克/亩。亩施农家肥 1 500 千克以上。

（3）产量水平 600～700 千克/亩：玉米产量在 600～700 千克/亩的地块，氮肥（N）用量推荐为 16～18 千克/亩，磷肥（P_2O_5）用量 6～8 千克/亩，土壤速效钾含量＜200 毫克/千克，适当补施钾肥（K_2O）2～3 千克/亩。亩施农家肥 2 000 千克以上。

（4）产量水平 700 千克/亩以上：玉米产量在 700 千克/亩以上的地块，氮肥（N）用量推荐为 18～20 千克/亩，磷肥（P_2O_5）用量 8～11 千克/亩，土壤速效钾含量＜200 毫克/千克，适当补施钾肥（K_2O）4～6 千克/亩。亩施农家肥 2 000 千克以上。

作物秸秆还田地块要增加氮肥（N）用量 100～150 克/（千克・亩），以协调碳氮比，促进秸秆腐解。要大力推广玉米施锌技术，每千克种子拌硫酸锌 4～6 克或亩底施硫酸锌 1.5～2 千克。作物秸秆还田的地块可适当减少钾肥用量。同时，要采用科学的施肥方法。

一是大力提倡化肥深施，坚决杜绝肥料撒施。基、追肥施肥深度要分别达 20～25 厘米、5～10 厘米；二是施足底肥，合理追肥，一般有机肥、磷、钾及中微量元素肥料均做底肥，氮肥则分期施用。可灌溉的玉米田氮肥 60%～70%底施、30%～40%追肥；追肥时期应在拔节期依苗情由弱-壮-旺的顺序依次推迟，施用量也依次减少。

第八章 耕地地力调查与质量评价的应用研究

第一节 耕地资源合理配置研究

一、耕地数量平衡与人口发展配置研究

长治市郊区国土总面积为 284.77 平方千米（折合 42.72 万亩），其中：平川区为 203.37 平方千米，占总面积的 71.42%；丘陵区为 30.60 平方千米，占 10.75%；山区为 50.80 平方千米，占 17.83%。全区耕地总面积 16.18 万亩，其中农作物种植面积 15 万亩。全区总人口约 28.44 万人，其中农业人口约 16.29 万人。人多地少，耕地后备资源严重不足。

从长治市郊区人民的生存和全区经济可持续发展的高度出发，采取措施，实现全区耕地总量动态平衡刻不容缓。实际上，全区扩大耕地总量仍有很大潜力，只要合理安排，科学规划，集约利用，就完全可以兼顾耕地与建设用地的要求，实现社会经济的全面、持续发展；从控制人口增长，村级内部改造和居民点调整，退宅还田，开发复垦土地后备资源和废弃地等方面着手增大耕地面积。

二、耕地地力与粮食生产能力分析

（一）耕地粮食生产能力

耕地生产能力是决定粮食产量的决定因素之一。近年来，由于种植结构调整和建设用地，退耕还林、还草等因素的影响，粮食播种面积在不断减少，而人口在不断增加，对粮食的需求量也在增加。保证全区粮食需求，挖掘耕地生产潜力已成为农业生产中的大事。

耕地的生产能力是由土壤本身肥力作用所决定的，其生产能力分为现实生产能力和潜在生产能力。

1. 现实生产能力 长治市郊区现有耕地面积为 16.18 万亩（包括已退耕还林及园林面积），而中低产田就有 12.69 万亩，占总耕地面积的 78.44%，而且大部分为旱地。这必然造成全区现实生产能力偏低的现状。再加之农民对施肥，特别是对有机肥的忽视，以及耕作管理措施的粗放，这都是造成耕地现实生产能力不高的原因。

2010 年，长治市郊区粮食播种面积为 131 788.7 亩，粮食总产量为 56 021 吨，亩产约 425 千克；蔬菜面积为 11 098 亩，总产量为 52 459 吨，亩产为 4 727 千克。见表 8－1。

表 8-1 长治市郊区 2010 年粮食产量统计

	面积（万亩）	总产量（万吨）	平均单产（千克）
玉米	12.594 8	5.391 0	428
谷子	0.339 7	0.107 2	315
薯类	0.124 2	0.056 6	451
豆类	0.120 2	0.021 2	176
粮食总计	13.178 9	5.602 1	425
蔬菜	1.109 8	5.245 9	4 727

目前，长治市郊区土壤有机质含量平均为 17.74 克/千克，全氮平均含量为 0.73 克/千克，碱解氮含量平均为 93.55 毫克/千克，有效磷含量平均为 12.89 毫克/千克，速效钾平均含量为 166.46 毫克/千克，缓效钾平均含量为 895.9 毫克/千克。

2. 潜在生产能力 生产潜力是指在正常的社会秩序和经济秩序下所能达到的最大产量。从历史的角度和长期的利益来看，耕地的生产潜力是比粮食产量更为重要的粮食安全因素。

长治市郊区土地资源较为丰富，土质较好，光热资源充足。在全区现有耕地中，一级、二级、三级地占总耕地面积 90.49%，其亩产大于 560 千克；低于四级，即亩产量小于 310 千克的耕地占总耕地面积的 9.51%。经对全区地力等级的评价得出，16.18 万亩耕地以全部种植粮食作物计，其粮食最大生产能力为 81 500 吨，平均单产可达 500 千克/亩，全区耕地仍有很大的生产潜力可挖。

纵观长治市郊区近年来的粮食、油料、蔬菜作物的平均亩产量和全区农民对耕地的经营状况，全区耕地还有巨大的生产潜力可挖。如果在农业生产中加大有机肥的投入，采取平衡施肥措施和科学合理的耕作技术，全区耕地的生产能力还可以提高。从近几年全区对玉米配方施肥观察点经济效益的对比来看，配方施肥区较习惯施肥区的增产率都在 12% 左右，甚至更高。如果能进一步提高农业投入比重，提高劳动者素质，下大力气加强农业基础建设，特别是农田水利建设，稳步提高耕地综合生产能力和产出能力，实现农林牧的结合就能增加农民经济收入。

（二）不同时期人口、食品构成粮食需求分析预测

农业是国民经济的基础，粮食是关系国计民生和国家自立与安全的特殊产品。从新中国成立初期到现在，长治市郊区人口数量、食品构成和粮食需求都在发生着巨大变化。新中国成立初期居民食品构成主要以粮食为主，也有少量的肉类食品，水果、蔬菜的比重很小。随着社会进步、生产的发展，人民生活水平逐步提高。到 20 世纪 80 年代初，居民食品构成依然以粮食为主，肉类、禽类、油料、水果、蔬菜等的比重均有了较大提高。到 2010 年，全区人口增至 28.44 万人，居民食品构成中，粮食所占比重有明显下降，然而肉类、禽蛋、水产品、制品、油料、水果、蔬菜、食糖占有比重提高。

长治市郊区粮食人均需求按国际通用粮食安全 400 千克计，全区人口自然增长率以 6.2%计，到 2015 年，共有人口 29.45 万人，全区粮食需求总量达 10.88 万吨。因此，人口的增加对粮食的需求产生了极大的影响，也造成了一定的危险。

长治市郊区粮食生产还存在着巨大的增长潜力。随着资本、技术、劳动投入、政策、制度等条件的逐步完善，全区粮食的产出与需求平衡，终将成为现实。

（三）粮食安全警戒线

粮食是人类生存和社会发展最重要的产品，是具有战略意义的特殊商品，粮食安全不仅是国民经济持续健康发展的基础，也是社会安定、国家安全的重要组成部分。近年来，随着农资价格上涨、种粮效益低等因素影响，农民种粮积极性不高，全区粮食单产徘徊不前，所以必须对长治市郊区的粮食安全问题给予高度重视。

2011 年，长治市郊区的人均粮食占有量为 237.5 千克，而当前国际公认的粮食安全警戒线标准为年人均 400 千克。相比之下，长治市郊区人均粮食占有量仍处于粮食安全警戒线标准之下。

三、耕地资源合理配置意见

在确保粮食生产安全的前提下，优化耕地资源利用结构，合理配置其他作物占地比例。为确保粮食安全需要，对长治市郊区耕地资源进行如下配置：全区现有 16.18 万亩耕地中，其中 13 万亩用于种植玉米、谷子、糜黍、薯类等粮食作物，以满足全区粮食需求；其余 1.1 万亩耕地用于蔬菜生产，占耕地面积 6.8%；水果占地约 2 万亩，占耕地面积 12.2%。

根据《土地管理法》和《基本农田保护条例》划定全区基本农田保护区，将水利条件、土壤肥力条件好，自然生态条件适宜的耕地划为口粮和粮食生产基地，长期不许占用。在耕地资源利用上，必须坚持基本农田总量平衡的原则。一是建立完善的基本农田保护制度，用法律保护耕地；二是明确各级政府在基本农田保护中的责任，严控占用保护区内耕地，严格控制城乡建设用地；三是实行基本农田损失补偿制度，实行谁占用、谁补偿的原则；四是建立监督检查制度，严厉打击无证经营和乱占耕地的单位和个人；五是建立基本农田保护基金，县政府每年投入一定资金用于基本农田建设，大力挖潜存量土地；六是合理调整用地结构，用市场经营利益导向调控耕地。

同时，在耕地资源配置上，要以粮食生产安全为前提，以农业增效、农民增收的目标，逐步提高耕地质量，调整种植业结构推广优质农产品，应用优质高效，生态安全栽培技术，提高耕地利用率。

第二节　耕地地力建设与土壤改良利用对策

一、耕地地力现状及特点

耕地质量包括耕地地力和土壤环境质量两个方面，本次调查与评价共涉及耕地土壤点位 5 500 个。经过历时 3 年的调查分析，基本查清了长治市郊区耕地地力现状与特点。

通过对长治市郊区土壤养分含量的分析得知：全区土壤以轻壤质土为主，有机质平均含量为 17.74 克/千克，属省三级水平；全氮平均含量为 0.73 克/千克，属省四级水平；

碱解氮平均含量93.55毫克/千克，属省五级水平；有效磷含量平均为12.89毫克/千克，属省四级水平；速效钾含量为166.46毫克/千克，属省三级水平。中微量元素养分含量有效硫平均含量为34.84毫克/千克，中量元素有效硫含量相对较低，属省四级水平。微量元素养分含量有效铁平均含量为7.34毫克/千克，有效锰平均值为16.99毫克/千克，有效铜平均含量为1.18毫克/千克，有效锌平均含量为0.77毫克/千克，有效硼平均含量为0.67毫克/千克。有效锰、有效铜平均含量较高，属省三级水平；有效锌、有效硼、有效铁，属省四级水平。全区近一半以上土壤有效硫偏低，施肥过程应注重硫基复合肥的推广应用；总体看有效锌含量较高，但近2/5的土壤、特别是质地偏沙土壤锌含量偏低，玉米对微量元素锌比较敏感，锌的缺乏将会成为提高玉米产量的限制因素，应在玉米生产中重视锌肥的推广应用。

（一）耕地土壤养分含量不断提高

耕地土壤：从这次调查结果看，长治市郊区耕地土壤有机质含量为17.74克/千克，属省三级水平，与第二次土壤普查的2.2克/千克相比提高了15.54克/千克；全氮平均含量为0.73克/千克，属省四级水平，与第二次土壤普查的0.127克/千克相比提高了0.603克/千克；有效磷平均含量12.89毫克/千克，属省四级水平，与第二次土壤普查的4.5毫克/千克相比提高了8.39毫克/千克；速效钾平均含量为166.46毫克/千克，属省三级水平，与第二次土壤普查的平均含量110.66毫克/千克相比提高了55.8毫克/千克。

（二）平川面积大，土壤质地好

长治市郊区92.5%的耕地在平原，主要分布在山前倾斜平原，一级、二级阶地的高阶地，其地势平坦，土层深厚，其中中部大部分耕地坡度小于6°，十分有利于现代农业的发展。

（三）耕作历史悠久，土壤熟化度高

长治市郊区农业历史悠久，土质良好，绝大部分耕地质地为褐土质，加以多年的耕作培肥，土壤熟化程度高。据调查，有效土层厚度平均达150厘米以上，耕层厚度为19～25厘米，适种作物广，生产水平高。

二、存在主要问题及原因分析

（一）中低产田面积较大

据调查，长治市郊区共有中低产田面积12.69万亩，占总耕地面积78.44%。按主导障碍因素，长治市郊区中低产田共分为干旱灌溉型、瘠薄培肥型类型，其中干旱灌溉型7.26万亩，占耕地总面积的44.88%；瘠薄培肥型5.43万亩，占总耕地面积的33.56%。

中低产田面积大、类型多。主要原因：一是自然条件恶劣，全区地形复杂，山、川、沟、垣、壑俱全，水土流失严重；二是农田基本建设投入不足，中低产田改造措施不力；三是农民耕地施肥投入不足，尤其是有机肥施用量仍处于较低水平。

（二）耕地地力不足，耕地生产率低

长治市郊区耕地虽然经过排、灌、路、林综合治理，农田生态环境不断改善，耕地单产、总产呈现上升趋势，但近年来，农业生产资料价格一再上涨，农业成本较高，甚至出

现种粮赔本现象，大大挫伤了农民种粮的积极性。一些农民通过增施氮肥取得产量，耕作粗放，结果致使土壤结构变差，造成土壤养分恶性循环。

（三）施肥结构不合理

作物每年从土壤中带走大量养分，主要是通过施肥来补充，因此，施肥直接影响到土壤中各种养分的含量。近几年在施肥上存在的问题，突出表现在“五重五轻”：第一，重经济作物，轻粮食作物。第二，重复混肥料，轻专用肥料。随着我国化肥市场的快速发展，复混（合）肥异军突起，其应用对土壤养分的变化也有影响，许多复混（合）肥杂而不专，农民对其依赖性较大，而对于自己所种作物需什么肥料、土壤缺什么元素，底子不清，导致盲目施肥。第三，重化肥使用，轻有机肥使用。近年来，农民将大部分有机肥施于菜田，特别是优质有机肥，而占很大比重的耕地有机肥却施用不足。第四，重氮磷肥轻钾肥。第五，重大量元素肥轻中微量元素肥。

三、耕地培肥与改良利用对策

（一）多种渠道提高土壤肥力

1. 增施有机肥，提高土壤有机质 近年来，由于农家肥来源不足和化肥的发展，长治市郊区耕地有机肥施用量不够。可以通过以下措施加以解决：一是广种饲草，增加畜禽，以牧养农；二是大力种植绿肥，种植绿肥是培肥地力的有效措施，可以采用粮肥间作或轮作制度；三是大力推广秸秆直接粉碎翻压还田，这是目前增加土壤有机质最有效的方法。

2. 合理轮作，挖掘土壤潜力 不同作物需求养分的种类和数量不同、根系深浅不同、吸收各层土壤养分的能力不同，各种作物遗留残体成分也有较大差异。因此，通过不同作物合理轮作倒茬，保障土壤养分平衡。要大力推广粮、油轮作，玉米、大豆立体间套作等技术模式，实现土壤养分协调利用。

（二）巧施氮肥

速效性氮肥极易分解，通常施入土壤中的氮素化肥的利用率只有25%～50%，或者更低。这说明施土壤中的氮素，挥发渗漏损失严重。所以，在施用氮肥时一定注意施肥量、施肥方法和施肥时期，提高氮肥利用率，减少损失。

（三）重施磷肥

长治市郊区地处黄土高原，属石灰性土壤，土壤中的磷常被固定，而不能发挥肥效。加上长期以来群众重氮轻磷，作物吸收的磷得不到及时补充。试验证明，在缺磷土壤上增施磷肥增产效果明显，可以增施人粪尿、畜禽肥等有机肥，其中有机酸和腐殖酸促进非水溶性磷的溶解，提高磷素的活力。

（四）因地施用钾肥

长治市郊区土壤中钾的含量虽然在短期内不会成为限制农业生产的主要因素，但随着农业生产进一步发展和作物产量的不断提高，土壤中有效钾的含量也会处于不足状态。所以在生产中，定期监测土壤中钾的动态变化，及时补充钾素。

（五）重视施用微肥

微量元素肥料，作物的需要量虽然很少，但对提高产品产量和品质却有大量元素不可替代的作用。据调查，全区土壤硼、锌、铁等含量均不高，玉米施锌和小麦施锌试验，增产效果很明显。

（六）因地制宜，改良中低产田

长治市郊区中低产田面积比较大，影响了耕地地力水平。因此，要从实际出发，分类配套改良技术措施，进一步提高全区耕地地力质量。

四、成果应用与典型事例

长治市郊区大辛庄镇张村中低产田改造综合技术应用

大辛庄镇张村位于区城西 309 国道边。全村人口 2 012 人，耕地 2 955 亩，其中旱薄地就占到 2 000 余亩。土壤多石灰性褐土，主要以种植玉米为主。多年来，坚持不懈地进行中低产田改造，综合推广农业实用新技术，农业基础设施大大改善，耕地地力和农业综合生产能力明显提高，产量逐年增大。

一是打机井 3 眼，修建 U 形渠 5 000 米，铺设管灌设施 8 000 米，平整田面 2 000 亩，加厚土层和客土改良 1 000 余亩；二是实行机械深耕 30 厘米深，增加耕作层厚度；三是对新整修的田地增施土壤改良剂（硫酸亚铁）每亩 50 千克；四是每亩增施农家肥 2 吨；五是实行玉米秸秆粉碎翻压还田；六是实施测土配方施肥技术；七是实施化肥深施技术，提高化肥利用率。通过以上措施使原来的旱薄田变成了旱涝保收的高产田。

2011 年化验结果，全村耕地土壤有机质含量平均为 19.26 克/千克，全氮含量平均为 0.78 克/千克，有效磷含量平均为 5.79 毫克/千克，速效钾含量平均为 144 毫克/千克。土壤有机质比 2000 年项目实施前提高 2.33 克/千克，全氮提高 0.15 克/千克，有效磷提高 5.6 毫克/千克，速效钾提高 23.4 毫克/千克。根据目标产量制定了比较切实可行的配方：目标产量≥700 千克/亩，亩施优质农肥 1 500 千克或秸秆还田，纯 N 20 千克，P_2O_5 15 千克，K_2O 10 千克，即每亩施用配方比例 $N-P_2O_5-K_2O$ 分别为 20－15－10 的配方肥 100 千克。

张村 2011 年玉米测土配方施肥技术推广面积 500 亩，平均亩产达到 650 千克，比习惯施肥对照平均亩增产玉米 68.5 千克，增产率 9.5%，亩节省纯氮用量 1.02 千克，亩节本增效 145 元。

第三节　耕地污染防治对策与建议

一、耕地环境质量现状

山西省农业大学资源环境学院农业资源环境监测中心对大辛庄镇、堠北庄镇、老顶山镇、马厂镇、黄碾镇、西白兔乡的 30 个土壤、4 个水样品的数据进行分析，全部属于安全点位，属于非污染土壤。但并非说绝对没有污染，特别是近年来工业的快速发展，土壤污染不可被免，应引起足够重视，特别是镍、汞的污染。

汞对十植物为低毒，在土壤的一般浓度下对植物生长无影响。但是，汞对于动物和人的危害严重。汞及其化合物可通过呼吸道、消化道、皮肤进入人体，通过呼吸道摄入的气态汞具有高毒，有机汞化合物是高毒性的，可引起神经性疾病，还具有致畸和致突变性。汞残留在植物的籽实中，通过食物链而危害人体健康。土壤总汞如超过 0.5 毫克/千克，即认为已受到汞污染（或为高背景区），对生态会产生不良影响；土壤总汞超过 1.0 毫克/千克，则会对生态造成较严重的危害，生长在这种土壤中的粮食、蔬菜，残留汞可能超过食用标准。

土壤中的汞污染主要来源于灌溉、燃煤、汞冶炼厂和汞制剂厂（仪表、电气、氯碱工业等）的排放，含汞农药和含汞底泥肥料的使用也是重要的汞污染源。

土壤中少量镍对植物生长有益，对缺镍的土壤施用镍盐溶液有明显增产效果，但过量镍会使植物中毒，表现为与缺铁失绿相似。镍也是人体必需的微量营养元素之一，但某些镍的化合物，如羰基镍毒性很大，是一种强的致癌物。摄入过量的镍会导致中毒，土壤中镍主要来自成土母质。

二、控制、防治、修复污染的方法与措施

（一）提高保护土壤资源的认识

在环境三要素中，土壤污染远远没有像空气、水体污染那样受到人们的关注和重视。很少有人思考土壤污染及其对陆地生态系统、人类生存带来的威胁。土壤污染具有渐进性、长期性、隐蔽性和复杂性的特点。它对动物和人体的危害可通过食物链逐级积累，人们往往身处其害而不知其害，不像大气、水体污染易被人直觉观察。土壤污染除极少数突发性自然灾害（如火山活动）外，主要是人类活动造成的。因此，在高强度开发、利用土壤资源，寻求经济发展，满足特质需求的同时，一定要防止土壤污染、生态环境被破坏，力求土壤资源、生态环境、社会影响、社会经济协调、和谐发展。土壤与大气、水体的污染是相互影响、相互制约的。据报道，大气和水体中污染物的 90%以上最终会沉积在土壤中，土壤会作为各种污染物的最终聚集地。反过来，污染土壤也将导致空气和水体的污染，如过量施用氮素肥料，可能因硝态氮随渗漏进入地下水，引起地下水硝态氮超标。

（二）土壤污染的预防措施

1. 执行国家有关污染物的排放标准 要严格执行国家有关部门颁发的有关污染物管理标准，如《农药登记规定》（1982 年）、《农药安全使用规定》（1982 年）、《工业“三废”排放试行标准》（1973 年）、《农用灌溉水质标准》（2005 年）、《征收排污费暂行办法》（1982 年）以及国家有关部门关于“污泥施用质量的标准”，并加强对污水灌溉与土地处理系统，固体废弃物的土地处于管理。

2. 建立土壤污染监测、预测与评价系统 以土壤环境标准为基准和土壤环境容量为依据，定期对辖区土壤环境质量进行监测，建立系统的档案材料，参照国家组织建议和我国土壤环境污染物目录，确定优先检测的土壤污染物和测定标准方法，按照优先污染次序进行调查、研究。加强土壤污染物总浓度的控制与管理。必须分析影响土壤中污染物的累

积因素和污染趋势，建立土壤污染物累积模型和土壤容量模型，预测控制土壤污染或减缓土壤污染对策和措施。

3. 发展清洁生产　发展清洁生产工艺，加强“三废”治理，有效消除、削减、控制重金属污染源，以减轻对环境的影响。

（三）污染土壤的治理措施

不同污染型的土壤污染，其具体治理措施不完全相同，对已经污染的土壤要根据污染的实际情况进行改良。

1. 金属污染土壤的治理措施　土壤中重金属有不移动性、累积性和不可逆性的特点。因此，要从降低重金属的活性，减少它的生物有效性入手，加强土、水管理。第一，通过农田的水分调控，调节土壤 pH 来控制土壤重金属的毒性。如铜、锌、铅等在一定程度上均可通过 pH 的调节来控制它的生物有效性。第二，客土、换土法。对于严重污染土壤采取用客土或换土是一种切实有效的方法。第三，生物修复。在严重污染的土壤上，采取超积累植物的生物修复技术是一个可行的方法。第四，施用有机物质等改良剂。利用有机物质腐熟过程中产生的有机酸铬合重金属，减少其污染。

2. 有机物（农药）**污染土壤的防治措施**　对于有机物、农药污染的土壤，应从加速土壤中农药的降解入手。可采用如下措施：第一，增施有机肥料，提高土壤对农药的吸附量，减轻农药对土壤的污染。第二，调控土壤 pH 和 Eh 值，加速农药的降解。不同有机农药降解对 pH、Eh 值要求不同，若降解反应属氧化反应或在好氧微生物作用下发生的降解反应，则应适当提高土壤 Eh 值；若降解反应是一个还原反应，则应降低 Eh 值。对于 pH 的影响，对绝大多数有机农药都在较高 pH 条件下加速降解。

第四节　农业结构调整与适宜性种植

近年来，长治市郊区农业的发展和产业结构调整工作取得了突出的成绩，但干旱胁迫严重、土壤肥力有所减退、抗灾能力薄弱、生产结构不良等问题，仍然十分严重。因此，为适应 21 世纪我国农业发展的需要，增强全区优势农产品参与国际市场竞争的能力，有必要进一步对全区的农业结构现状进行战略性调整，从而促进全区高效农业的发展，实现农民增收。

一、农业结构调整的原则

为适应我国社会主义农业现代化的需要，在调整种植业结构中，遵循下列原则：

一是以国际农产品市场接轨，以增强全区农产品在国际、国内经济贸易的竞争力为原则。

二是以充分利用不同区域的生产条件、技术装备水平及经济基地条件，达到趋利避害，发挥优势的调整原则。

三是以充分利用耕地评价成果，正确处理作物与土壤间、作物与作物间的合理调整为原则。

四是采用耕地资源管理信息系统，为区域结构调整的可行性提供宏观决策与技术服务的原则。

五是保持行政村界线的基本完整的原则。

根据以上原则，在今后一般时间内将紧紧围绕农业增效、农民增收这个目标，大力推进农业结构战略性调整，最终提升农产品的市场竞争力，促进农业生产向区域化、优质化、产业化发展。

二、农业结构调整的依据

通过本次对长治市郊区种植业布局现状的调查、综合验证，认识到目前的种植业布局还存在许多问题，需要在区域内部加大调整力度，进一步提高生产力和经济效益。

根据此次耕地质量的评价结果，安排全区的种植业内部结构调整，应依据不同地貌类型耕地综合生产能力和土壤环境质量两方面的综合考虑，具体为：

一是按照不同地貌类型，因地制宜规划，在布局上做到宜农则农、宜林则林、宜牧则牧。

二是按照耕地地力评价出 4 个等级标准，在各个地貌单元中所代表面积的数值衡量，以适宜作物发挥最大生产潜力来分布，做到高产高效作物分布在 1～3 级耕地为宜，中低产田应在改良中调整。

三是按照土壤环境的污染状况，在面源污染、点源污染等影响土壤健康的障碍因素中，以污染物质及污染程度确定，做到该退则退，该治理的采取消除污染源及土壤降解措施，达到无公害绿色产品的种植要求，来考虑作物种类的布局。

三、土壤适宜性及主要限制因素分析

长治市郊区土壤因成土母质不同，土壤质地也不一致，发育在黄土及黄土状母质上的土壤质地多是较轻而均匀的壤质土，心土及底土层为黏土。总的来说，全区的土壤大多为壤质，沙黏含量比较适合，在农业上是一种质地理想的土壤，其性质兼有沙土和黏土之优点，而克服了沙土和黏土之缺点，它既有一定数量的大孔隙，还有较多的毛管孔隙，故通透性好，保水保肥性强，耕性好，宜耕期长，好抓苗，发小又养老。

因此，综合以上土壤特性，长治市郊区土壤适宜性强，玉米、马铃薯、糜黍、谷子等粮食作物及经济作物，如蔬菜、西瓜、药材都适宜在长治市郊区种植。但种植业的布局除了受土壤质地作用外，还要受到地理位置、水分条件等自然因素和经济条件的限制。在山地、丘陵等地区，由于此地区沟壑纵横、土壤肥力较低、土壤较干旱、气候凉爽，农业经济条件也较为落后。因此，要在管理好现有耕地的基础上，将资金和技术逐步转移到非耕地的开发上。大力发展林、牧业，建立农、林、牧结合的生态体系，使其成林、牧产品生产基地。在平原地区由于土地平坦、水源较丰富，是长治市郊区土壤肥力较高的区域，同时其经济条件及农业现代化水平也较高，故应充分利用地理、经济、技术优势，在不放松粮食生产的前提下，积极开展多种经营，实行粮、蔬菜、水果全面发展。

在种植业的布局中，必须充分考虑到各地的自然条件、经济条件，合理利用自然资源，对布局中遇到的各种限制因素，应考虑到它影响的范围和改造的可行性，合理布局生产，最大限度地、持久地发掘自然的生产潜力，做到地尽其力。

四、种植业布局分区建议

根据长治市郊区种植业结构调整的原则和依据，结合本次耕地地力调查与质量评价结果，长治市郊区主要为杂粮种植生产区，将长治市郊区划分为三大优势产业区，分区概述：

（一）一级地

本级耕地主要分布在大辛庄镇、堠北庄镇、黄碾镇、老顶山镇和马厂镇。面积为35 803.84亩，占全区总耕地面积的22.13%。

1. 区域特点　本区域海拔低，地势平坦，土壤肥沃，光照充足，水土流失轻微，地下水位高，水源比较充足，属井河两灌区，水利条件较好；园田化水平高，交通便利，农业生产条件优越。年平均气温10.1℃，年降水量537.4～656.7毫米，无霜期156天，气候温和，热量充足，农业生产水平较高，一年一作。本区土壤耕性良好，成土母质多为河流洪积-冲积性黄土状物质，土壤肥力高，适种性广，是长治市郊区主要产粮区。种植作物主要有玉米、水稻、谷子等农作物。

2. 种植业发展方向　本区城周以建设蔬菜、设施农业、甜糯玉米三大基地为主攻方向，城外围大力发展高产高效粮田，扩大粮-经、粮-菜、粮-瓜面积，在现有基础上，优化结构，建立无公害粮、瓜、菜生产基地。

3. 主要保证措施

（1）加大土壤培肥力度，全面推广多种形式秸秆还田，以增加土壤有机质，改良土壤理化性状。

（2）注重作物合理轮作，坚决杜绝连茬多年的习惯。

（3）全力以赴搞好基地建设，通过标准化建设、模式化管理、无害化生产技术应用，使基地取得明显的经济效益和社会效益。

（二）二级地

本级耕地主要分布在大辛庄镇、堠北庄镇、黄碾镇、老顶山镇和马厂镇，面积72 076.86亩，占耕地面积的44.55%。

1. 区域特点　本级耕地包括潮土、粗骨土、褐土3个土类，成土母质为黄土母质，灌溉保证率为79%；地面平坦，坡度为0°～15°；耕层质地主要为沙壤土、轻壤土、轻黏土，园田化水平低。耕层厚度平均为18厘米，本级土壤pH为7.81～8.28，平均值为8.14。

本级耕地土壤有机质平均含量17.99克/千克；属省三级水平；有效磷平均含量为11.94毫克/千克，属省三级水平；速效钾平均含量为166.81毫克/千克，属省三级水平；全氮平均含量为0.74克/千克，属省四级水平；缓效钾平均含量为894.92毫克/千克，属省三级水平。

2. 种植业发展方向　坚持“以市场为导向、以效益为目标”的原则，积极发展高效农业，建立无公害、绿色、有机杂粮生产基地。

3. 主要保证措施

（1）良种良法配套，提高品质，增加产出，增加效益。

（2）增施有机肥料，有效提高土壤有机质含量。

（3）加强技术培训，提高农民素质。

（4）加强水利设施建设，一方面，充分利用引黄工程，千方百计扩大水浇地面积；另一方面，增加深井，扩大水浇地面积。

（三）三级地

本级耕地主要分布在大辛庄镇、堠北庄镇、黄碾镇、老顶山镇、马厂镇和西白兔乡，面积为38 521.89亩，占耕地面积的23.81%。

1. 区域特点 本级耕地包括潮土、粗骨土、褐土3个土类，成土母质为黄土母质，耕层厚度为18厘米；灌溉保证率为53%，地面基本平坦，地面坡度为0°～15°；耕层质地主要为沙壤土、轻壤土、轻黏土，园田化水平较低。本级的pH为7.81～8.28，平均值为8.14。

本级耕地土壤有机质平均含量17.49克/千克，属省三级水平；有效磷平均含量为13.58毫克/千克，属省四级水平；速效钾平均含量为159.25毫克/千克，属省三级水平；全氮平均含量为0.70克/千克，属省四级水平；缓效钾平均含量为874.22毫克/千克，属省三级水平。

2. 种植业发展方向 本区以高产粮田为发展方向，大力发展旱地蔬菜、谷子、糜黍、豆类杂粮作物，按照市场需求和粮食加工业的要求，优化结构，合理布局，引进新优品种，建立无公害、绿色杂粮生产基地。

3. 主要保障

（1）加大土壤培肥力度，全面推广多种形式秸秆还田，以增加土壤有机质，改良土壤理化性状。

（2）注重作物合理轮作，坚决杜绝连茬多年的习惯。

（3）全力以赴搞好基地建设，通过标准化建设、模式化管理、无害化生产技术应用，使基地取得明显的经济效益和社会效益。

（4）搞好测土配方施肥，增加微肥的施用。

（5）进一步抓好平田整地，整修梯田，建设“三保田”。

（6）积极推广旱作技术和高产综合配套技术，提高科技含量。

第五节　主要作物标准施肥系统的建立与无公害农产品生产对策研究

一、养分状况及施肥现状

（一）全区土壤养分与状况

1. 长治市郊区耕地土壤养分测定结果 有机质平均含量为17.74克/千克，属省三级水平；全氮平均含量为0.73克/千克，属省四级水平；有效磷含量平均为12.89毫克/千克，属省四级水平；速效钾含量为 166.46 毫克/千克，属省三级水平；有效硫平均含量为 34.84 毫克/千克，属省四级水平；有效铁平均含量为 7.34 毫克/千克，属省四级水平；有效锰平均值为 16.99 毫克/千克，属省三级水平；有效铜平均含量为 1.18 毫克/千克，属省三级水平；有效锌平均含量为 0.77 毫克/千克，属省四级水平；有效硼平均含量为 0.67 毫克/千克，属省四级水平。

2. 果园土壤养分状况　从养分测定结果看，长治市郊区果园土壤有机质平均含量为 17.49 克/千克，属省三级水平，全氮平均含量为 0.70 克/千克，属省四级水平，因此均属中等水平。速效钾平均含量为 159.25 毫克/千克，属省三级水平；有效磷为 13.59 毫克/千克，属省四级水平。

微量元素含量及评价：长治市郊区苹果园地土壤此次微量元素取样 11 个地，经化验分析，有效铜为 1.39 毫克/千克，较丰富；有效锌、有效铁、有效锰和有效硼含量分别为 1.09 毫克/千克、9.26 毫克/千克、21.37 毫克/千克和 0.65 毫克/千克，均属一般偏低水平；pH 平均值为 8.14，偏碱。

（二）全区施肥现状

农作物平均亩施农家肥 300 千克左右，氮肥（N）平均 17.7 千克，磷肥（P_2O_5）8 千克，钾肥（K_2O）2 千克；果园平均亩施农家肥 1 500 千克，氮肥（N）35 千克，磷肥（P_2O_5）46 千克，钾肥（K_2O）30 千克。微量元素平均使用量较低，甚至有不施微肥的现象。

二、存在问题及原因分析

（一）有机肥和无机肥施用比例失调

改革开放以来，化肥的施用大量增加，有机肥的施用量在不断减少，造成有机肥和无机肥施用比例失调。主要是由于大牲畜的减少致使常规的有机肥源减少和施用化肥的便利和高效造成。

（二）肥料三要素（N、P、K）施用比例失调

第二次土壤普查后，长治市郊区根据“氮少磷缺钾有余”的土壤养分状况提出增氮增磷不施钾，所以在施肥上一直按照氮磷 1∶1 的比例施肥，亩施碳酸氢铵 50 千克、普钙 50 千克。10 多年来，土壤养分发生很大变化，土壤有效磷有所提高。据此次调查，所施肥料中的氮、磷、钾养分比例多不适合作物要求，未起到调节土壤养分状况的效果。

根据长治市郊区农作物的种植和产量情况，现阶段氮、磷、钾化肥的适宜比例应为 1∶0.56∶0.16，而调查结果表明实际施用比例平均为 1∶0.19∶0.04。另外，肥料施用分布极不平衡，高产田比例低于中低产田，甚至部分旱地地块不施磷钾肥。

（三）化肥用量不当

耕地化肥施用不合理。在大田作物施肥上，人们往往注重高产田投入，而忽视中低产田投入。产量越高施肥量越大，产量越低施肥量越小，甚至白茬下种。因此，造成高产地块肥料浪费而中低产田不足。

（四）化肥施用方法不当

1. 氮肥浅施、表施 在氮肥施用上，广大农民为省时、省劲，将碳酸氢铵、尿素撒于地表再翻耕入土，甚至有些用户用后不及时覆土造成相当一部分的氮素挥发损失。降低了肥料的利用率，有些还造成铵害烧伤植物叶片。

2. 磷肥撒施 由于大多群众对磷肥的性质了解较少，普遍将磷肥撒施、浅施，作物不能吸收利用并且造成磷固定，降低了磷的利用率和当季施用肥料的效益。据调查，全区磷肥撒施面积达80%以上。

3. 复合肥施用不合理 复合肥料和磷酸二铵使用比例很大，造成盲目施肥和磷、钾资源的浪费。

4. 中产高田忽视钾肥的施用 针对第二次土壤普查结果，速效钾含量较高，有10年左右的时间80%的耕地施用氮、磷两种肥料，造成土壤钾素消耗日趋严重，农产品产量和品质受到严重影响。随着种植业结构的进一步调整，作物由单独追求产量变为质量和产量并重，钾肥越来越表现出提质增产的效果。

三、化肥施用区划

（一）目的和意义

根据长治市郊区不同区域、地貌类型、土壤类型的土壤养分状况、作物布局、当前化肥使用水平和历年化肥试验结果进行了统计分析和综合研究，按照全区不同区域化肥肥效的规律，将耕地共划分4个化肥不同施用区，提出不同区域氮、磷、钾化肥的使用标准。为全区今后一段时间合理安排化肥生产、分配和使用，特别是为改善农产品品质，因地制宜调整农业种植布局，促进可持续农业的发展提供科学依据，使化肥在全区农业生产发展中发挥更大的增产、增收、增效作用。

（二）分区原则与依据

1. 原则 一是化肥用量、施用比例和土壤类型及肥效的相对一致性原则；二是土壤地力分布和土壤速效养分含量的相对一致性原则；三是土地利用现状和种植区划的相对一致性原则；四是行政区划的相对完整性原则。

2. 依据 一是农田养分平衡状况及土壤养分含量状况；二是作物种类及分布；三是土壤地理分布特点；四是化肥用量、肥效及特点；五是不同区域对化肥的需求量。

（三）分区概述

化肥区划分为两级区，Ⅰ级区反映不同地区化肥施用的现状和肥效特点。Ⅱ级区根据现状和今后农业发展方向，提出对化肥合理施用的要求。Ⅰ级区按地名＋主要土壤类型＋氮肥用量＋磷肥用量及肥效结合的命名法而命名。氮肥用量按每季作物每亩平均施N量，划分为高量区（10千克以上）、中量区（7.6～10千克）、低量区（5.1～7.5千克）、极低量区（5千克以下）；磷肥用量按每季作物每亩平均施用P_2O_5划分为高量区（7.5千克以上）、中量区（5.1～7.5千克）、低量区（2.6～5千克）、极低量区（2.5千克以下）；钾肥肥效按每千克K_2O增产粮食千克数划分为高效区（5千克以上）、中效区（3.1～5千克）、低效区（1.1～3.1千克）、未显效区（1千克以下）。Ⅱ级区按地名地貌＋作物布局+化肥需求特点的命名法命名。根据农业生产指标，对今后氮、磷、钾的需求量，分为增量区（需较大幅度增加用量，增加量大于20%）、补量区（需少量增加用量，增加量小于20%）、稳量区（基本保持现有用量）、减量区（降低现有用量）。

根据化肥区划分标准和命名，将长治市郊区化肥区划分为4个区。见表8-2。

表8-2　长治市郊区化肥区划分区域

类型	乡（镇）数	行政村数	耕地面积	区　域
河滩高水分地	5	34	36 065.18	杨暴、店上、坡栗、神下、余庄、圪坨、张祖、师庄、湛上、七里坡、堠西庄、崔漳、下秦、蒋村、暴马、暴河、漳泽、下韩、临漳、交漳、泽头、上省、上韩、马庄、漳移、台上、故南、故北、魏村、坡底、辛庄、淹村、贡村
平川区	5	46	71 438.81	南垂、关村、庄里、王村、漳移、针漳、米家庄、堠北庄、小庄、堠南庄、大辛庄、鹿家庄、小辛庄、果园、关杜庄、北寨、梁家庄、小常、南寨、壁头、张村、西旺、马厂、张庄、李沟、安昌、李村、坟上、富村、小神、张公庄、故驿、高庄、王公庄、安阳、故县、西沟、安居、黄南、黄北、黄中、朝阳、赵凹、下舍、凹里、陈村
丘陵区	6	27	38 792.21	二龙山、南天桥、毛占、中天桥、陈村、北津良、南津良、坟上、西旺、东旺、大天桥、石桥、西长井、大罗、沟西、冀家庄、小罗、壶口、鸡坡、桥上、涧沟、杏树凹、双桥庄、嶂头、山门、金口、河头
山区	2	16	15 492.55	西白兔、霍家沟、中村、窑上、小河堡、南村、东沟、盐点沟、小龙脑、瓦窑沟、滴谷寺、苗圃、老巴山、良才、葛家庄、史家庄
合计		123	161 788.75	

1. 河滩高水分地　主要分布在大辛庄镇、堠北庄镇、黄碾镇、老顶山镇、马厂镇，面积为36 065.18亩，占全区总耕地面积的22.13%。土壤类型为潮土、褐土等，质地主要为中壤。成土母质主要为黄土母质，地面坡度为0°～12°，耕层质地主要为沙壤土、轻壤土、轻黏土，耕层厚度平均值为18厘米，pH为4.68～8.28，平均值为8.11。地势平缓，无侵蚀，保水，地下水位浅且水质良好，灌溉保证率为86%，地面平坦，园田化水平高。

2. 平川区　主要分布在大辛庄镇、堠北庄镇、黄碾镇、老顶山镇、马厂镇，面积71 438.81亩，占耕地面积的44.55%。土壤类型包括潮土、粗骨土、褐土3个土类，成土母质为黄土母质，灌溉保证率为79%。地面平坦，坡度为0°～15°，耕层质地主要为沙壤土、轻壤土、轻黏土，园田化水平低。耕层厚度平均为18厘米，土壤pH为7.81～8.28，平均值为8.14。

3. 丘陵　地主要分布在大辛庄镇、堠北庄镇、黄碾镇、老顶山镇、马厂镇、西白兔乡，面积为38 792.21亩，占耕地面积的23.81%。土壤类型包括潮土、粗骨土、褐土3个土类，成土母质为黄土母质，耕层厚度为18厘米。灌溉保证率为53%，地面基本平坦，地面坡度为0°～15°，耕层质地主要为沙壤土、轻壤土、轻黏土，园田化水平较低。土壤pH为7.81～8.28，平均值为8.14。

4. 山区 本级耕地主要零星分布在黄碾镇、老顶山镇、西白兔乡，面积 15 492.55 亩，占耕地面积的 9.51%。土壤类型包括粗骨土、褐土，成土母质主要有黄土母质，耕层厚度平均为 18 厘米。灌溉保证率为 50%。地面坡度为 6°～15°。耕层质地主要为轻壤土，园田化水平较低。土壤 pH 为 7.81～8.28，平均值为 8.12。

（四）提高化肥利用率的途径

1. 统一规划，着眼布局 化肥使用区划意见对长治市郊区农业生产及发展起着整体指导和调节作用，使用当中要宏观把握，明确思路。以地貌类型和土壤类型及行政区域划分的 4 个化肥施用区在肥效与施肥上基本保持一致。具体到各区各地因受不同地形部位和不同土壤亚类的影响，以化肥使用区划为标准，结合当地实际情况确定合理科学的施肥量。

2. 因地制宜，节本增效 长治市郊区地形复杂，土壤肥力差异较大，各区在化肥使用上一定要本着因地制宜、因作物制宜、节本增效的原则，通过合理施肥及相关农业措施，达到节本增效、用养结合、培肥地力的目的，变劣势为优势。对坡降较大的丘陵、沟壑和山地要注意防治水土流失，施肥上要少量多次，修整梯田，建“三保田”。

3. 秸秆还田，培肥地力 运用合理施肥方法，大力推广秸秆还田，提高土壤肥力，增加土壤团粒结构，提高化肥利用率。同时，合理轮作倒茬，用养结合。旱地氮肥“一炮轰”，磷肥集中深施，钾肥分次施，有机无机相结合，氮磷钾微相结合。

总之，要科学合理施用化肥，以提高化肥利用率为目的，以达到增产增收增效。

四、无公害农产品生产与施肥

无公害农产品是指产地环境、生产过程和产品质量均符合国家有关标准的规范的要求，经认证合格，获得认证证书并允许使用无公害农产品标志的未经加工或初加工的农产品。根据无公害农产品标准要求，针对长治市郊区耕地质量调查施肥中存在的问题，发展无公害农产品，施肥中应注意以下几点：

（一）选用优质农家肥

农家肥是指含有大量生物物质、动植物残体、排泄物、生物废物等有机物质的肥料。在无公害农产品的生产中，一定要选用足量的经过无害化处理的堆肥、沤肥、厩肥、饼肥等优质农家肥做基肥。确保土壤肥力逐年提高，满足无公害农产品的生产。

（二）选用合格商品肥

商品肥料有精制有机肥料、有机无机复混肥料、无机肥料、腐殖酸类肥料、微生物肥料等。生产无公害农产品时一定要选用合格的商品肥料。

（三）改进施肥技术

1. 调控化肥用量 这几年，随着农业结构调整，种植业结构发生了很大变化，经济作物面积扩大，造成不同作物之间施肥量差距不断扩大。因此，要调控化肥用量，避免施肥两极分化，尤其是控制氮肥用量，努力提高化肥利用率，减少化肥损失或造成的农田环境污染。

2. 调整施肥比例 首先将有机肥和无机肥比例逐步调整到 1∶1，充分发挥有机肥料在无公害农产品生产中的作用；其次根据不同作物、土壤合理施用钾肥，合理调整 N、

P、K比例，发挥钾肥在无公害农产品生产中的作用。

3. 改进施肥方法 施肥方法不当，易造成肥料损失浪费、土壤及环境污染，影响作物生长，所以施肥方法一定要科学，氮肥要深施，减少地面熏伤，忌氯作物不施或少施含氯肥料。因地、因作物、因肥料确定施肥方法，生产优质、高产无公害农产品。

五、不同作物科学施肥标准

针对长治市郊区农业生产基本条件，结合种植作物种类、产量、土壤肥力及养分含量状况，农产品生产施肥总的思路是：以节本增效为目标，立足抗旱栽培，着眼于优质、高产、高效、安全农业生产，着力于提高肥料利用率，采取增氮增磷补钾配再生的原则，在增施有机肥和化肥施用总量的基础上，合理调整养分比例，普及科学施肥方法，积极试验和示范微生物肥料。根据全区施肥总的思路，提出全区主要作物施肥标准如下：

根据长治市郊区施肥总的思路，提出全区主要作物施肥标准如下：

1. 小麦 高肥力地，亩产400千克以上，亩施氮肥（N）16～18千克、磷肥（P_2O_5）14～16千克、钾肥（K_2O）3～4千克；中肥力地，亩产250～300千克，亩施氮肥（N）13～16千克、磷肥（P_2O_5）13～16千克、钾肥（K_2O）2～3千克；低肥力地，亩产250千克以下，亩施氮肥（N）7～9千克、磷肥（P_2O_5）7～9千克。

2. 玉米 高水肥地，亩产600千克以上，亩施氮肥（N）18～20千克、磷肥（P_2O_5）10～11千克、钾肥（K_2O）3千克；中水肥地，亩产500～600千克，亩施氮肥（N）16～18千克、磷肥（P_2O_5）7～9千克、钾肥（K_2O）2～3千克；亩产400～500千克以下，亩施氮肥（N）10～12千克、磷肥（P_2O_5）5～6千克、钾肥（K_2O）1～2千克。

3. 蔬菜 叶菜类：如白菜、韭菜等，一般亩产3 000～4 000千克，有机肥3 000千克以上，亩施氮肥（N）10～15千克、磷肥（P_2O_5）5～8千克、钾肥（K_2O）5～8千克。果菜类：如番茄、黄瓜等，一般亩产5 000～6 000千克，亩施氮肥（N）20～30千克、磷肥（P_2O_5）10～15千克、钾肥（K_2O）25～30千克。

4. 苹果 亩产2 500千克以上，亩施氮肥（N）30～40千克、磷肥（P_2O_5）15～20千克、钾肥（K_2O）30～40千克；亩产2 500千克以下，亩施氮肥（N）15～30千克、磷肥（P_2O_5）10～15千克、钾肥（K_2O）20～30千克。

第六节 耕地质量管理对策

耕地地力调查与质量评价成果为长治市郊区耕地质量管理提供了依据，耕地质量管理决策的制定，成为全区农业可持续发展的核心内容。

一、建立依法管理体制

（一）工作思路

以发展优质高效、安全农业为目标，以耕地质量动态监测管理为核心，满足人民日益增长的农产品需求。

（二）建立完善行政管理机制

1. 制订总体规划 坚持“因地制宜、统筹兼顾、局部调整、挖掘潜力”的原则，制订全区耕地地力建设与土壤改良利用总体规划，实行耕地用养结合，划定中低产田改良利用范围和重点，分区制定改良措施，严格统一组织实施。

2. 建立以法保障体系 制定并颁布《长治市郊区耕地质量管理办法》，设立专门监测管理机构，区、乡、村三级设定专人监督指导，分区布点，建立监控档案，依法检查污染区域项目治理工作，确保工作高效到位。

3. 加大资金投入 区政府要加大资金支持，县财政每年从农发资金中列支专项资金，用于全区中低产田改造和耕地污染区域综合治理，建立财政支持下的耕地质量信息网络，推进工作有效开展。

（三）强化耕地质量技术实施

1. 提高土壤肥力 组织县、乡农业技术人员实地指导，组织农户合理轮作，平衡施肥，安全施药、施肥，推广秸秆还田、种植绿肥、施用生物菌肥，多种途径提高土壤肥力，降低土壤污染，提高土壤质量。

2. 改良中低产田 实行分区改良，重点突破。灌溉改良区重点抓好灌溉配套设施的改造、节水浇灌、挖潜增灌、扩大浇水面积，丘陵、山区中低产区要广辟肥源，深耕保墒，轮作倒茬，粮草间作，扩大植被覆盖率，修整梯田，达到增产增效目标。

二、建立和完善耕地质量监测网络

随着长治市郊区工业化进程的不断加快，工业污染日益严重，在重点工业生产区域建立耕地质量监测网络已迫在眉睫。

1. 设立组织机构 耕地质量监测网络建设，涉及环保、土地、水利、经贸、农业等多个部门，需要县政府协调支持，成立依法行政管理机构。

2. 配置监测机构 由县政府牵头，各职能部门参与，组建长治县耕地质量监测领导组，在县环保局下设办公室，设定专职领导与工作人员，建立企业治污工程体系，制定工作细则和工作制度，强化监测手段，提高行政监测效能。

3. 加大宣传力度 采取多种途径和手段，加大《环境保护法》宣传力度，在重点污排企业及周围乡印刷宣传广告，大力宣传环境保护政策及科普知识。

4. 监测网络建立 在全区依据这次耕地质量调查评价结果，划定安全、非污染、轻污染、中度污染、重污染五大区域，每个区域确定10～20个点，定人、定时、定点取样监测检验，填写污染情况登记表，建立耕地质量监测档案。对污染区域的污染源，要查清原因，由县耕地质量监测机构依据检测结果，强制企业污染限期限时达标治理。对未能限期达标企业，一律实行关停整改，达标后方可生产。

5. 加强农业执法管理 由长治市郊区农业、环保、质检行政部门组成联合执法队伍，宣传农业法律知识，对市场化肥、农药实行市场统一监控、统一发布，将假冒农用物资一律依法查封销毁。

6. 改进治污技术　对不同污染企业采取烟尘、污水等分类科学处理转化。对工业污染河道及周围农田，采取有效物理、化学降解技术，降解铅、镉及其他重金属污染物，并在河道两岸 50 米栽植花草、林木、净化河水，美化环境；对化肥、农药污染农田，要划区治理，积极利用农业科研成果，组成科技攻关组，引试降解剂，逐步消解污染物。

7. 推广农业综合防治技术　在增施有机肥降解大田农药、化肥及垃圾废弃物污染的同时，积极宣传推广微生物菌肥，以改善土壤的理化性状，改变土壤溶液酸碱度，改善土壤团粒结构，减轻土壤板结，提高土壤保水、保肥性能。

三、农业税费政策与耕地质量管理

农业税费改革政策的出台必将极大调整农民粮食生产积极性，成为耕地质量恢复与提高的内在动力，对长治市郊区耕地质量的提高具有以下几个作用：

1. 加大耕地投入，提高土壤肥力　目前，长治市郊区丘陵面积大，中低产田分布区域广，粮食生产能力较低。税费改革政策的落实有利于提高单位面积耕地养分投入水平，逐步改善土壤养分含量，改善土壤理化性状，提高土壤肥力，保障粮食产量恢复性增长。

2. 改进农业耕作技术，提高土壤生产性能　农民积极性的调动，成为耕地质量提高的内在动力，将促进农民平田整地，耙耱保墒，加强耕地机械化管理，缩减中低产田面积，提高耕地地力等级水平。

3. 采用先进农业技术，增加农业比较效益　采取有机旱作农业技术，合理优化适栽技术，加强田间管理，节本增效，提高农业比较效益。

农民以田为本，以田谋生，农业税费政策出台以后，土地属性发生变化，农民由有偿支配变为无偿使用，成为农民家庭财富的一部分，对农民增收和国家经济发展将起到积极的推动作用。

四、扩大无公害农产品生产规模

在国际农产品质量标准市场一体化的形势下，扩大长治市郊区无公害农产品生产成为满足社会消费需求和农民增收的关键。

（一）理论依据

综合评价结果，耕地无污染的占 90%，适合生产无公害农产品，适宜发展绿色农业生产。

（二）扩大生产规模

在长治市郊区发展绿色无公害农产品，扩大生产规模，要根据耕地地力调查与质量评价结果为依据，充分发挥区域比较优势，合理布局，规模调整。一是在粮食生产上，在全区发展 13 万亩无公害、绿色、有机玉米、谷子、豆类、马铃薯；二是在蔬菜生产上，发展无公害、绿色、有机蔬菜 2.1 万亩；三是在水果生产上，发展无公害、绿色苹果 1.08 万亩。

（三）配套管理措施

1. 建立组织保障体系 设立长治市郊区无公害农产品生产领导小组，下设办公室，地点在区农业委员会。组织实施项目列入县政府工作计划，单列工作经费，由县财政负责执行。

2. 加强质量检测体系建设 成立区级无公害农产品质量检验技术领导小组，县、乡下设两级监测检验的网点，配备设备及人员，制定工作流程，强化监测检验手段，提高检测检验质量，及时指导生产基地技术推广工作。

3. 制定技术规程 组织技术人员建立全区无公害农产品生产技术操作规程，重点抓好平衡施肥，合理施用农药，细化技术环节，实现标准化生产。

4. 打造绿色品牌 重点打造好无公害、绿色、有机玉米、谷子、糜黍、马铃薯、白水大杏、神堂堡富士苹果、胡萝卜等蔬菜品牌农产品的生产经营。

五、加强农业综合技术培训

自 20 世纪 80 年代起，长治市郊区就建立起县、乡、村三级农业技术推广网络。由长治市郊区农业技术推广中心牵头，搞好技术项目的组织与实施，负责划区技术指导。行政村配备 1 名科技副村长，在全区设立农业科技示范户。先后开展了玉米、谷子、糜黍、马铃薯等作物和白水大杏、富士苹果等水果优质高产高效生产技术培训，推广了旱作农业、秸秆覆盖、地膜覆盖、双千创优工程及设施蔬菜“四位一体”综合配套技术。

现阶段，长治市郊区农业综合技术培训工作一直保持领先，有机旱作、测土配方施肥、生态沼气、无公害蔬菜生产技术推广已取得明显成效。充分利用这次耕地地力调查与质量评价，主抓以下几方面技术培训：一是宣传加强农业结构调整与耕地资源有效利用的目的及意义；二是全区中低产田改造和土壤改良相关技术推广；三是耕地地力环境质量建设与配套技术推广；四是绿色无公害农产品生产技术操作规程；五是农药、化肥安全施用技术培训；六是农业法律、法规、环境保护相关法律的宣传培训。

通过技术培训，使长治市郊区农民掌握必要的知识与生产实行技术，推动耕地地力建设，提高农业生态环境、耕地质量环境的保护意识，发挥主观能动性，不断提高全区耕地地力水平，以满足日益增长的人口和物资生活需求，为全面建设小康社会打好农业发展基础平台。

第七节 耕地资源管理信息系统的应用

耕地资源信息系统以一个县行政区域内耕地资源为管理对象，应用 GIS 技术，对辖区内的地形、地貌、土壤、土地利用、农田水利、土壤污染、农业生产基本情况、基本农田保护区等资料进行统一管理，构建耕地资源基础信息系统，并将其数据平台与各类管理模型结合，对辖区内的耕地资源进行系统的动态管理，为农业决策、农民和农业技术人员提供耕地质量动态变化规律、土壤适宜性、施肥咨询、作物营养诊断等多方位的信息服务。

本系统行政单元为村，农业单元为基本农田保护块，土壤单元为土种，系统基本管理单元为土壤、基本农田保护块、土地利用现状叠加所形成的评价单元。

一、领导决策依据

这次耕地地力调查与质量评价直接涉及耕地自然要素、环境要素、社会要素及经济要素4个方面，为耕地资源信息系统的建立与应用提供了依据。通过全区生产潜力评价、适宜性评价、土壤养分评价、科学施肥、经济性评价、地力评价及产量预测，及时指导农业生产的发展，为农业技术推广应用做好信息发布，为用户需求分析及信息反馈打好基础。主要依据：一是全区耕地地力水平和生产潜力评估为农业远期规划和全面建设小康社会提供了保障；二是耕地质量综合评价，为领导提供了耕地保护和污染修复的基本思路，为建立和完善耕地质量检测网络提供了方向；三是耕地土壤适宜性及主要限制因素分析为全区农业调整提供了依据。

二、动态资料更新

这次长治市郊区耕地地力调查与质量评价中，耕地土壤生产性能主要包括地形部位、土体构型较稳定的物理性状、易变化的化学性状、农田基础建设等方面。耕地地力评价标准体系与1984年土壤普查技术标准出现部分变化，耕地要素中基础数据有大量变化，为动态资料更新提供了新要求。

（一）耕地地力动态资源内容更新

1. 评价技术体系有较大变化　这次调查与评价主要运用了“3S”评价技术。在技术方法上，采用文字评述法、专家经验法、模糊综合评价法、层次分析法、指数和法；在技术流程上，应用了叠置法确定评价单元，空间数据与属性数据相连接，采用德尔菲法和模糊综合评价法，确定评价指标，应用层次分析法确定各评价因子的组合权重，用数据标准化计算各评价因子的隶属函数并将数值进行标准化，应用了累加法计算每个评价单元的耕地力综合评价指数，分析综合地力指数，分布划分地力等级，将评价的地方等级归入农业部地力等级体系，采取GIS、GPS系统编绘各种养分图和地力等级图等图件。

2. 评价内容有较大变化　除原有地形部位、土体构型等基础耕地地力要素相对稳定以外，土壤物理性状、易变化的化学性状、农田基础建设等要素变化较大，尤其是土壤容重、有机质、pH、有效磷、速效钾指数变化明显。

3. 增加了耕地质量综合评价体系　土样、水样化验检测结果为全区绿色、无公害农产品基地建立和发展提供了理论依据。图件资料的更新变化，为今后全区农业宏观调控提供了技术准备，空间数据库的建立为全区农业综合发展提供了数据支持，加速了全区农业信息化快速发展。

（二）动态资料更新措施

结合这次耕地地力调查与质量评价，长治市郊区及时成立技术指导组，确定专门技术人员，从土样采集、化验分析、数据资料整理编辑，电脑网络连接畅通，保证了动态资料更新及时、准确，提高了工作效率和质量。

三、耕地资源合理配置

（一）目的意义

多年来，长治市郊区耕地资源盲目利用，低效开发，重复建设情况十分严重，随着农业经济发展方向的不断延伸，农业结构调整缺乏借鉴技术和理论依据。这次耕地地力调查与质量评价成果对指导全区耕地资源合理配置，逐步优化耕地利用质量水平，对提高土地生产性能和产量水平具有现实意义。

长治市郊区耕地资源合理配置思路是：以确保粮食安全为前提，以耕地地力质量评价成果为依据，以统筹协调发展为目标，用养结合，因地制宜，内部挖潜，发挥耕地最大生产效益。

（二）主要措施

1. 加强组织管理，建立健全工作机制 长治市郊区要组建耕地资源合理配置协调管理工作体系，由农业、土地、环保、水利、林业等职能部门分工负责，密切配合，协同作战。技术部门要抓好技术方案制定和技术宣传培训工作。

2. 加强农田环境质量检测，抓好布局规划 将企业列入耕地质量检测范围。企业要加大资金投入和技术改造，降低“三废”对周围耕地污染，因地制宜大力发展绿色无公害农产品优势生产基地。

3. 加强耕地保养利用，提高耕地地力 依照耕地地力等级划分标准，划定全区耕地地力分布界限，推广平衡施肥技术，加强农田水利基础设施建设，平田整地，淤地打坝，中低产田改良，植树造林，扩大植被覆盖面，防止水土流失，提高梯（园）田化水平。采用机械耕作，加深耕层，熟化土壤，改善土壤理化性状，提高土壤保水保肥能力。划区制订技术改良方案，将全区耕地地力水平分级划分到户，建立耕地改良档案，定期定人检查验收。

4. 重视粮食生产安全，加强耕地利用和保护管理 根据全区农业发展远景规划目标，要十分重视耕地利用保护与粮食生产之间的关系。人口不断增长，耕地逐年减少，要解决好建设与吃饭的关系，合理利用耕地资源，实现耕地总面积动态平衡，解决人口增长与耕地矛盾，实现农业经济和社会可持续发展。

总之，耕地资源配置，主要是各土地利用类型在空间上的整体布局；另一层含义是指同一土地利用类型在某一地域中是分散配置还是集中配置。耕地资源空间分布结构折射出其地域特征，而合理的空间分布结构可在一定程度上反映自然生态和社会经济系统间的协调程度。耕地的配置方式，对耕地产出效益的影响截然不同，经过合理配置，农耕地相对规模集中，既利于农业管理，又利于减少投工、投资，耕地的利用率将有较大提高。

一是严格执行《基本农田保护条例》，增加土地投入，大力改造中低产田，使农田数量与质量稳步提高；二是果园地面积要适当调整，淘汰劣质果园，发展优质果品生产基地；三是林草地面积适量增长，加大四荒拍卖开发力度，种草植树，力争森林覆盖率达到30%，牧草面积占到耕地面积的2%以上。搞好河道、滩涂地有效开发，增加可利用耕地面积。加大小流域综合治理，在搞好耕地整治规划的同时，治山治坡、改土造田、基本农田建设与农业综合开发结合进行；要采取措施，严控企业占地，严控宅基地占用一级、二级耕田，加大废旧砖窑和农废弃宅基地的返田改造，盘活耕地存量调整，“开源”与“节流”并举，加快耕地使用制度改革。实行耕地使用证发放制度，促进耕地资源的有效利用。

四、土、肥、水、热资源管理

(一) 基本状况

长治市郊区耕地自然资源包括土、肥、水、热资源。它是在一定的自然和农业经济条件下逐渐形成的，其利用及变化均受到自然、社会、经济、技术条件的影响和制约。自然条件是耕地利用的基本要素。热量与降水是气候条件最活跃的因素，对耕地资源影响较为深刻，不仅影响耕地资源类型形成，更重要的是直接影响耕地的开发程度、利用方式、作物种植、耕作制度等方面。土壤肥力则是耕地地力与质量水平基础的反映。

1. 光热资源　长治市郊区属中温带半湿润大陆性季风气候，四季分明，冬季寒冷，雨雪少，夏季炎热多雨，天气温和，雨热同季，雨水集中在 7～9 月。年均气温为 9.1℃，7 月最热，极端最高气温达 37.6℃。1 月最冷，极端最低气温－29.3℃。区域热量资源丰富，大于或等于 10℃的积温 3 206.6℃。历年平均日照时数为 2 593.6 小时，无霜期为 156 天。

2. 降水与水文资源　长治市郊区全年降水量为 550～650 毫米，年度间全区降水量差异较大，降水量季节性分布明显，主要集中在 7 月、8 月、9 月这 3 个月，占年总降水量的 77%左右。

3. 土壤肥力水平　长治市郊区耕地地力平均水平较低，依据《山西省中低产田类型划分与改良技术规程》，分析评价单元耕地土壤主要障碍因素，将全区耕地地力等级划分为 1～4 级，归并为 2 个中低产田类型，总面积 12.69 万亩，占耕地面积的 78.44%。主要分布于广大丘陵地区和土石山区。全区耕地土壤类型为：潮土、粗骨土、褐土三大类，其中，褐土分布面积较广，约占 86.34%，潮土约占 11.22%，粗骨土占 2.44%。全区土壤质地较好，主要分为沙土、沙壤、轻壤、中壤、重壤、黏土 6 种类型，其中轻壤质土约占 75.98%。土壤 pH 为 4.68～8.28，平均值为 8.13，耕地土壤容重为 1.0～1.33 克/立方厘米，平均值为 1.22 克/立方厘米。

(二) 管理措施

在长治市郊区建立土壤、肥力、水热资源数据库，依照不同区域土、肥、水热状况，分类分区划定区域，设立监控点位、定人、定期填写检测结果，编制档案资料，形成有连续性的综合数据资料，有利于指导全区耕地地力恢复性建设。

五、科学施肥体系和灌溉制度的建立

(一) 科学施肥体系建立

长治市郊区平衡施肥工作起步较早，最早始于 20 世纪 70 年代末定性的氮磷配合施肥，20 世纪 80 年代初为半定量的初级配方施肥。20 世纪 90 年代以来，有步骤定期开展土壤肥力测定，逐步建立了适合全区不同作物、不同土壤类型的施肥模式。在施肥技术上，提倡“增施有机肥，稳施氮肥，增施磷，补施钾肥，配施微肥和生物菌肥”。

根据长治市郊区耕地地力调查结果看，土壤有机质含量有所上升，平均含量为 17.74 克/千克，属省三级水平，比第二次土壤普查 8.7 克/千克，提高了 9.04 克/千克；全氮平均含量 0.73 克/千克，属省四级水平，比第二次土壤普查 0.66 克/千克，提高了 0.07 克/千克；有效磷平均含量 12.89 毫克/千克，属省四级水平，比第二次土壤普查 6.46 毫克/千克，提高了 6.43 毫克/千克；速效钾平均含量为 166.46 毫克/千克，属省三级水平，比第二次土壤普查 74.00 毫克/千克，提高了 92.46 毫克/千克。

1. 调整施肥思路 以节本增效为目标，立足抗旱栽培，着力提高肥料利用率，采取“稳氮、增磷、补钾、配微”原则，坚持有机肥与无机肥相结合，合理调整养分比例，按耕地地力与作物类型分期供肥，科学施用。

2. 施肥方法

（1）因土施肥：不同土壤类型保肥、供肥性能不同。对全区丘陵区旱地，土壤的土体构型为通体壤或“蒙金型”，一般将肥料做基肥一次施用效果最好；对沙土、夹沙土等构型土壤，肥料特别是钾肥应少量多次施用。

（2）因品种施肥：肥料品种不同，施肥方法也不同。对碳酸氢铵等易挥发性化肥，必须集中深施覆盖土，一般为 10～20 厘米，硝态氮肥易流失，宜做追肥，不宜大水漫灌；尿素为高浓度中性肥料，做底肥和叶面喷肥效果最好，在旱地做基肥集中条施。磷肥易被土壤固定，常做基肥和种肥，要集中沟施，且忌撒施土壤表面。

（3）因苗施肥：对基肥充足，生长旺盛的田块，要少量控制氮肥，少追或推迟追肥时期；对基肥不足，生长缓慢田块，要施足基肥，多追或早追氮肥；对后期生长旺盛的田块，要控氮补磷施钾。

3. 选定施用时期 因作物选定施肥时期。小麦追肥宜选在拔节期追肥；叶面喷肥选在孕穗期和扬花期；玉米追肥宜选在拔节期和大喇叭口期施肥，同时可采用叶面喷施锌肥；棉花追肥选在蕾期和花铃期。

在作物喷肥时间上，要看天气施用。要选无风、晴朗天气，8：00～9：00 或 16：00 以后喷施。

4. 选择适宜的肥料品种和合理的施用量施肥 在品种选择上，增施有机肥、高温堆沤积肥、生物菌肥；严格控制硝态氮肥施用，忌在忌氯作物上施用氯化钾，提倡施用硫酸钾肥，补施铁肥、锌肥、硼肥等微量元素化肥。在化肥用量上，要坚持无害化施用原则，一般菜田，亩施腐熟农家肥 2 000～3 000 千克、尿素 25～30 千克、磷肥 40 千克、钾肥 10～15 千克。日光温室以番茄为例，一般亩产 5 000 千克，亩施有机肥 3 000 千克、氮肥（N）25 千克、磷肥（P_2O_5）23 千克，钾肥（K_2O）16 千克，配施适量硼、锌等微量元素。

（二）灌溉制度的建立

长治市郊区为贫水区之一，目前能灌溉的耕地仅有几十亩，主要采取抗旱节水灌溉措施。

旱地节水灌溉模式：一是旱地耕地制作模式，即深翻耕作，加深耕层，平田整地，提高园（梯）田化水平；二是保水纳墒技术模式，即地膜覆盖，秸秆覆盖蓄水保墒，高灌引水，节水管灌等配套技术措施，提高旱地农田水分利用率。

（三）体制建设

在长治市郊区建立科学施肥与灌溉制度，农业、技术部门要严格细化相关施肥技术方案，积极宣传和指导；林业部门要加大荒坡、荒山植树植被、绿色环境，改善气候条件，提高年际降水量；农业环保部门要加强基本农田及水污染的综合治理，改善耕地环境质量和灌溉水质量。

六、信息发布与咨询

耕地地力与质量信息发布与咨询，直接关系到耕地地力水平的提高，关系到农业结构调整与农民增收目标的实现。

（一）体系建立

以长治市郊区农业技术部门为依托，在山西省、长治市农业技术部门的支持下，建立耕地地力与质量信息发布咨询服务体系，建立相关数据资料展览室，将全区土壤、土地利用、农田水利、土壤污染、基本农业田保护区等相关信息融入电脑网络之中，充分利用县、乡两级农业信息服务网络，对辖区内的耕地资源进行系统的动态管理，为农业生产和结构调整做好耕地质量动态变化、土壤适宜性、施肥咨询、作物营养诊断等多方位的信息服务。在乡建立专门试验示范生产区，专业技术人员要做好协助指导管理，为农户提供技术、市场、物资供求信息，定期记录监测数据，实现规范化管理。

（二）信息发布与咨询服务

1. 农业信息发布与咨询　重点抓好玉米、小麦、蔬菜、水果、中药等适栽品种供求动态、适栽管理技术、无公害农产品化肥和农药科学施用技术、农田环境质量技术标准的入户宣传、编制通俗易懂的文字、图片发放到每家每户。

2. 开辟空中课堂抓宣传　充分利用覆盖全区的电视传媒信号，定期做好专题资料宣传，并设立信息咨询服务电话热线，及时解答和解决农民提出的各种疑难问题。

3. 组建农业耕地环境质量服务组织　在全区乡（镇）村选拔科技骨干，统一组织耕地地力与质量建设技术培训，组成农业耕地地力与质量管理服务队，建立奖罚机制，鼓励他们谏言献策，提供耕地地力与质量方面信息和技术思路，服务于全区农业发展。

4. 建立完善执法管理机构　成立由区国土、环保、农业等行政部门组成的综合行政执法决策机构，加强对全区农业环境的执法保护。开展农资市场打假，依法保护利用土地，监控企业污染，净化农业发展环境。同时配合宣传相关法律、法规，让群众家喻户晓，自觉接受社会监督。

第八节　长治市郊区小麦耕地适宜性分析报告

小麦是全区第二大粮食作物和支柱产业，常年种植面积保持在1.5万亩左右，近几年呈下降趋势。近年来，随着食品工业的快速发展和人们生活水平的不断提高，对优质小麦的需求呈上升趋势。因此，充分发挥区域优势，搞好优质小麦生产，抵御加入世界贸易组织后对小麦生产的冲击，对提升小麦产业化水平，满足市场需求，提高市场竞争力意义重大。

一、小麦生产条件适宜性分析

长治市郊区属暖温带大陆性气候，受季风影响，四季交替明显，春季干旱多风，夏季炎热多雨，秋季天高气爽，冬季寒冷雪少。年日照时数 2 593.6 小时，气温为 7.0～10.2℃，昼夜温差较大，年平均日较差为 10.3～14.5℃，年较差为 28.1～30.6℃，大于或等于 10℃的积温为 3 206.6℃，全年无霜期 156 天左右，年降水量 550～650 毫米。

土壤类型主要为褐土，理化性能较好，为小麦生产提供了有利的环境条件。长治市郊区耕地面积 16.18 万亩，小麦适宜种植面积 8 万亩。

小麦产区耕地土壤养分情况如下：长治市郊区耕地土壤养分测定结果表明，土壤有机质平均含量 17.83 克/千克，属省三级水平；全氮含量 0.77 克/千克，属省四级水平；有效磷 16.38 毫克/千克，属省三级水平；速效钾 176.05 毫克/千克，属省三级水平；有效硫 39.49 毫克/千克，属省四级水平；有效铁 7.16 毫克/千克，属省四级水平；有效锰 16.35 毫克/千克，属省三级水平；有效铜 1.20 毫克/千克，属省三级水平；有效锌 0.63 毫克/千克，属省四级水平；有效硼 0.72 毫克/千克，属省四级水平。另外，土壤的 pH 值平均为 8.11，偏碱性；缓效钾含量平均为 932.67 毫克/千克，属省二级水平；可见，小麦产区主要养分普遍处于中等偏下水平。

二、小麦生产技术标准

（一）引用标准

GB 3095—1982　大气环境质量标准

GB 9137—1988　大气污染物浓度标准

GB 5084—1992　农田灌溉水质标准

GB 15618—1995　土壤环境质量标准

GB 3838—1988　国家地下水环境质量标准

GB 4285—1989　农药安全使用标准

（二）具体要求

1. 土壤条件　优质小麦的生产必须以良好的土、肥、水、热、光等条件为基础。实践证明，耕层土壤养分含量一般应达到下列指标：有机质（15.2±1.48）克/千克，全氮（0.94±0.08）克/千克，有效磷（10.8±4.9）毫克/千克，速效钾（105±25）毫克/千克为宜。

2. 生产条件　优质小麦生产在地力、肥力条件较好的基础上，要较好地处理群体与个体矛盾。改善群体内光照条件，使个体发育健壮，达到穗大、粒重、高产，全生长期 220～250 天，降水量 500～700 毫米。

（三）播种及管理

1. 种子处理　根据当地生态条件，高海拔生境区对品种的首选要素是抗冻性即冬型类的冬性至强冬性品种，其次是在干旱年型条件下有突出的抗旱性，降雨正常或偏多年型条件下具有较好的丰产性，如长治 6359（肥旱地）、长治 6878（薄旱地）；低海拔生境区对品种的首选要素则是具有较强的抗旱性，其次抗冻性即冬型类的半冬性至冬性品种，生育节奏前期、中期稳健，后期抗干热风，如运旱 20410、临抗 11 号、临旱 536 等。

播前选择晴朗天气晒种，要针对性用绿色生物农药进行拌种。地下害虫（蛴螬、蝼蛄）较重的麦田建议选用 75%的辛拌磷乳油进行 0.3%拌种，或 40%甲基异柳磷乳油或 35%甲基硫环磷乳油，按种子量的 0.2%拌种；对腥黑穗病发生较重的麦田可用 3%的敌萎丹拌种，也可用 50%的多菌灵或 70%的甲基托布津可湿性粉剂处理土壤。

2. 整地施肥　水浇地复种指数较高，前茬收获后要及时灭茬，深耕，耙耱。本着以产定肥、按需施肥的原则，产量水平 400～500 千克的麦田，亩施纯氮 13～15 千克，纯磷 10～12 千克，纯钾 3～4 千克，锌肥 1.5～2 千克，有机肥 3 000～4 000 千克；产量水平 300～400 千克的麦田，亩施纯氮 11～13 千克，纯磷 7～8 千克，纯钾 5～6 千克，锌肥 1～1.5 千克，有机肥 3 000 千克。

3. 播种　优质小麦播种以 9 月 25 日至 10 月 10 日播种为宜，播种量以每亩 8～10 千克为宜。

4. 管理

（1）冬前管理：冬前管理的目标是在苗全、苗匀的基础上，促冬小麦根系生长，使分蘖达到一定的群体水平，培育壮苗、安全越冬。具体管理措施有查苗补种、破板结、控旺、镇压、除草及防止畜禽啃麦。

①查苗补种。在播后的 8～9 天应及时查看出苗状况，发现有漏播造成缺苗时，应立即进行补种。

②破除板结。播后 2～3 天内若遇大雨出现表土板结时一定要采取措施破除板结，具体可用镇压器滚压表层或用耙子耙搂，或用“农作物出苗板结表土破解器”及时破除表土板结，确保苗全、苗匀、苗齐。

③控制旺长。对旺长麦田应实施控旺措施：一是利用物理方法，如镇压器提早镇压；二是利用化学方法，如 15%多效唑可湿性粉剂 30～40 克/亩叶面喷雾。两者均可达到控制旺长的目的。

④麦田镇压。在 11 月中下旬选择午后时间，利用“农田轻便土壤悬虚镇压器”或石辊进行镇压，其作用：一是踏实土壤消除因旋耕造成的土壤过分悬虚而引发的干旱；二是镇压培土有效防御低温冻害。

⑤田间除草。小麦三叶期后到越冬前日均温度 10℃是化学除草最佳时期，但一般小麦播种后 40 天左右杂草出土率才可达 90%以上。因此，在 11 月上中旬的晴天进行，遇到大风或大幅降温（日均气温低于 5℃）应立即停止化学除草。阔叶杂草用 75%巨星干悬浮剂 1 克/亩或 10%苯磺隆可湿性粉剂 15 克/亩，兑水 30 千克喷雾防除。节节麦可用 3%甲基二磺隆（世玛）乳油 30 毫升/亩，兑水 30 千克喷雾防除。

⑥严禁畜禽啃麦。在播后降雨较少的年份，耕层土壤疏松，苗情较差，畜禽啃麦可能

连根拔出，造成缺苗断垄。加上畜禽蹬踩，使分蘖节、根系外露，冻害加重，无法安全越冬。因此，严禁畜禽啃麦。

(2) 春季管理：春季管理的目标是在小麦返青后，促苗早发保大蘖，抑制无效分蘖生长，促进多成穗、成大穗，并为籽粒形成奠定良好基础。具体管理措施有耙耱、除草、防倒、治虫和抗冻。

①耙耱。在2月25日左右实施返青期耙耱，起到提升地温和保墒作用，同时可防除部分早播麦田杂草。

②除草。对未实施冬前除草的麦田可选在小麦起身期（3月25日左右）利用化学除草，在除草中，一是严格掌握除草时期；二是严格控制药量；三是绝对禁止重复喷雾。

③防倒。若春季降雨较多，对部分群体较大麦田可在拔节前3月下旬至4月初喷施多效唑，预防小麦倒伏。

④治虫。若春季降雨偏少干旱，在拔节期应加强对麦长腿红蜘蛛的防治。当百株虫量达250头，或每35厘米行长达200头时进行防治，可用40%毒死蜱乳油，或40%氧化乐果乳油，或25%炔螨特乳油喷雾防治。

⑤抗冻。4月上中旬若遇晚霜冻害，喷植物生长调节剂“天达2116”。

(3) 中后期管理：中后期管理的目标是保持根系的正常生理机能，尽可能延长植株上部绿色部分的功能期，提高光合生产率，增加粒重。具体管理措施有叶面喷肥和防治蚜虫。

①叶面喷肥。叶面肥是营养元素施用于农作物叶片表面，通过叶片的吸收而发挥功能的一种肥料类型。叶面施肥见效快、利用率高、用量少、施用方法简便、增产效果明显，广泛应用于农业生产。小麦扬花至灌浆期是产量形成的关键时期，也是“一喷三防”技术实施的适宜期，为发挥叶面肥喷施效果，叶面喷肥适宜时期应在小麦生长的扬花至灌浆期进行。小麦喷施叶面肥的浓度通常为0.3%，即每100克叶面肥兑水30千克（不得低于30千克）。

②穗期防治蚜虫。一般在抽穗后的10～12天进行蚜虫调查，当蚜株（茎）率超过25%，百株蚜量250头以上，近期无中到大雨，可以考虑用药防治。可选用50%抗蚜威可湿性粉剂20克/亩，或10%吡虫啉可湿性粉剂20克/亩，加磷酸二氢钾100克/亩，可有效提高粒重。

三、小麦生产存在的问题

1. 部分田块土壤有效磷含量偏低　土壤肥力是提高农作物产量的条件，是农业生产持续上升的物质基础。从土壤养分分析结果来看，长治市郊区小麦产区部分地块有效磷含量与生产要求相比偏低。生产中需要适度增加磷肥施用量。

2. 土壤养分不协调　从小麦对土壤养分的要求来看，产区土壤中全氮含量相对偏低，速效钾的平均含量为中等水平，而有效磷含量则与要求相差较大。生产中存在的主要问题是氮、磷、钾配比不当，应注重加大磷、钾肥的施用比例。

3. 微量元素肥料施用量不足　微量元素大部分存在于矿物晶格中，不能被植物吸收利用，而微量元素对农产品品质有着不可替代的作用。长治市郊区耕地中的中微量元素含量普遍处于中下水平，且生产中的中微量元素肥料的施用较少。因此，农户在今后的农业生产中需要加大微肥的施用。

四、小麦生产的对策

1. 增施有机肥　一是积极组织农户广开肥源，培肥地力，努力达到改善土壤结构，提高纳雨蓄墒的能力；二是大力推广小麦、玉米秸覆盖等还田技术；三是狠抓农机具配套，扩大秸秆翻压还田面积；四是加快有机肥工业化生产进程，扩大商品有机肥的生产和应用。在施用的有机肥的过程中，农家肥必须经过高温发酵，不得施用未经腐熟的厩肥、泥肥、饼肥、人粪尿等。

2. 合理调整肥料用量和比例　首先，要合理调整化肥和有机肥的施用比例，无机氮与有机氮之比不超过 1∶1；其次，合理调整氮、磷、钾施用比例至 1∶（0.8～1）∶0.4。

3. 合理增施磷钾肥和微肥　以“适氮、增磷、补钾”为原则，合理增施磷钾肥，保证土壤养分平衡。在合理施用氮、磷、钾肥的基础上，要科学施用微肥，以达到优质、高产目的。

第九节　耕地质量与葡萄标准化生产对策研究

目前，长治市郊区葡萄种植面积为 0.5 万亩，主要分布在黄碾镇、马厂镇、大辛庄镇等。该区属暖温带大陆性季风气候，光热资源丰富，雨量适中，昼夜温差较大，地势平坦，土壤较肥沃，土层深厚，质地适中，园田化水平高，年日照时数 2 593.6 小时，气温为 7.0～10.2℃，昼夜温差较大，大于或等于 10℃的积温为 3 206.6℃，全年无霜期 156 天左右，年降水量 550～650 毫米。全区水利设施发达，小水机电灌井星罗棋布，基本上形成渠、路、井、电、田六配套的田园布局。优越的水利条件为调整农村产业结构提供了得天独厚的机遇。

一、葡萄主产区耕地质量现状

葡萄产区的土壤理化性状为：有机质含量平均值为 17.99 克/千克，属省三级水平；全氮含量平均值为 0.74 克/千克，属省四级水平；有效磷含量平均值为 11.94 毫克/千克，属省四级水平；速效钾含量平均值为 166.81 毫克/千克，属省三级水平；有效硫含量平均为 36.92 毫克/千克，属省四级水平；有效铁含量平均为 7.02 毫克/千克，属省四级水平；有效锰含量平均为 15.84 毫克/千克，属省三级水平；有效铜含量平均为 1.19 毫克/千克，属省三级水平；有效锌含量平均为 0.59 毫克/千克，属省四级水平；有效硼含量平均为 0.70 毫克/千克，属省四级水平；pH 平均值为 8.14，属弱碱性。另外，葡萄生产区用水符合我国农田灌溉水质标准。

综上，长治市郊区葡萄产区土壤环境条件较优越，符合绿色食品产地要求，适宜于酿酒葡萄的标准化生产。

二、葡萄标准化生产技术规程

1. 范围 本规程内规定了无公害葡萄生产园地选择与规划、栽植、土肥水管理、整形修剪、花果管理、病虫害防治和果实采收等技术。

2. 标准的引用文件

NY/T 393 绿色食品 农药使用准则

NY/T 394—2000 绿色食品 肥料使用准则

NY/T 441—2001 苹果生产技术规程

NY/T 428—2000 绿色食品 葡萄

GH/T 1022—2000 鲜葡萄

NY/T 470—2001 鲜食葡萄

NY/T 5012—2001 无公害食品 苹果生产技术规程

NY 5013 无公害食品 苹果产地环境条件

3. 园地规划与选择

（1）园地选择：应符合 NY/T 441—2001 的 3.1.1～3.1.2 和 NY 5013 的规定。

（2）园地规划：应符合 NY/T 441—2001 中 3.2 的规定。

4. 品种 品种为巨峰。

5. 栽植 按 NY/T 441—2001 的 5.1～5.6 的规定执行，栽植沟（或穴）内施入的有机肥应是 NY/T 394—2000 中 3.4～3.5 规定的农家肥和商品肥料。

6. 土肥水管理

（1）土壤管理：

①深翻改土。葡萄的栽植可按行挖沟或按定植点挖穴。定植沟一般要求宽 80 厘米、深 80 厘米。定植穴要求按 1 米见方进行挖掘。回填时要求先填入 20～30 厘米厚的秸秆，再把腐熟的农家肥与表土混合填入，底土在栽植沟的两边做地埂，然后充分灌水，使根土密接。

②中耕。在葡萄的生长期间，由于人为条件或自然条件造成的土壤板结不利于根系的生长和植株的发育，因此，在植株的生长期间，要多次进行中耕，同时也起到除草、保墒的作用。中耕深度 5～10 厘米。

③覆草。按 NY/T 5012—2001 的 6.1.3 的规定执行。

④种植绿肥和行间生草。按 NY/T 441—2001 的 6.1.2 的规定执行。

（2）施肥：

①施肥原则。以有机肥为主，化肥为辅，保持或增加土壤肥力及土壤生物活性。所用的肥料不应对果园环境和果实品质产生不良影响。

②允许使用的肥料种类。

a. 农家肥料。按 NY/T 394—2000 中 3.4 规定的执行。包括堆肥、沤肥、厩肥、沼气肥、绿肥、作物秸秆肥、混肥、饼肥等。

b. 商品肥料。按 NY/T 394—2000 中 3.5g 规定的执行。包括商品有机肥、腐殖酸类肥、微生物肥、有机复合肥、无机（矿质）肥、叶面肥、有机无机肥等。

c. 其他肥料。按 NY/T 5012—2001 中 6.2.2.3 规定的执行。

（3）禁止使用的肥料：按 NY/T 5012—2001 中 6.2.3.1～6.2.3.3 规定的执行。

（4）施肥方法和数量：

①基肥。秋季果实采收后施入，以农家肥为主，混以少量氮素化肥，施肥量按每千克葡萄施 1.5～2.0 千克的优质农家肥计算，一般盛果期葡萄园每亩施 3 000～5 000 千克有机肥。施用方法以沟施和撒施为主，施肥部位在距离葡萄根部 0.5～1.0 米。沟施为挖条带沟，沟深 60～80 厘米；撒施为将肥料均匀撒在树冠周围，并深翻 20 厘米。

②追肥。

a. 土壤追肥。每年 5 次。第一次在萌芽前后，以氮肥为主；第二次在花期 7 天，以磷钾肥为主，氮磷钾肥混合使用；第三次在果实膨大期，以磷、钾肥为主，氮、磷、钾肥混合使用；第四次在果实生长后期，以钾肥为主。施肥量以当地的土壤条件和施肥特点确定，结果树一般每年 100 千克葡萄，需追施纯氮（N）1.0 千克、纯磷（P_2O_5）0.8 千克、纯钾（K_2O）1.5 千克。施肥方法为树下开沟（距离树根 50～80 厘米），沟深 15～20 厘米，追肥后及时灌水。最后一次追肥在距离果实采收期 30 天以前进行。

b. 叶面喷肥。全年叶面喷肥 4～5 次，一般生长前期 2 次，以氮肥为主；后期 2～3 次，以磷钾肥为主。常用的肥料浓度：尿素 0.2%～0.4%，磷酸二氢钾 0.2%～0.3%，硼砂 0.1%～0.3%。最后一次喷肥在距离果实采收前 20 天以前进行。

③水分管理。灌溉水的质量应符合 NY/T 5013 的要求，其他按 NY/T 441—2001 中 6.3 规定的执行。

7. 架式整形修剪

（1）架式：①篱架；②小棚架；③单臂“V”型架；④“高、宽、垂”架。

（2）整形修剪：篱架高度一般为 1.5～2 米，架上拉铁丝 1～4 道，架的大小根据品种性、果实充分成熟，执行 GH/T 1022—2000 的规定。

（3）果实分级：按照 NY/T 470—2001 中 4.1 的规定执行。

（4）储藏、运输：按照 NY/T 470—2001 中 4.1 的规定执行。

无公害葡萄园病虫害综合防治见表 8-3。

表 8-3 无公害葡萄园病虫害综合防治

时 间	防治措施	防治对象	备 注
休眠期 （秋季或春季修剪后）	彻底清扫果园，将枯枝落叶等运出园外集中烧毁或深埋	葡萄白腐病、炭疽病、黑痘病、霜霉病等	
芽萌动期 （4 月上中旬）	喷施 3～5 波美度的石硫合剂+200 倍五氯酚钠	葡萄炭疽病、黑痘病、白粉病、介壳虫和螨类	结合刮老皮进行药剂防治
开花前 （5 月下旬）	喷施半量式的波尔多液（1：0.5：240）或喷 50% 多菌灵 600～800 倍液	葡萄黑痘病、霜霉病、灰霉病、穗轴褐枯病	

（续）

时 间	防治措施	防治对象	备 注
落花后 （6月上旬）	喷施1∶1∶200倍的波尔多液或70%甲基托布津1 000倍液，或800倍退菌特；针对虫害可喷辛硫磷、吡虫啉、齐螨素	葡萄白腐病、黑病、白粉病、炭疽病、叶蝉类、介壳虫和螨类	喷施药剂，可把病消灭在初发阶段
幼果膨大期 （6月下旬至7月上旬）	喷施500～800倍退菌特加200倍展着剂，或500倍百菌清，或800～1 000倍多菌灵	葡萄白腐病、黑痘病、白粉病、炭疽病、叶蝉类、介壳虫和螨类	如果前期雨水较多，注意葡萄霜霉病的防治
果实着色期 （7月中下旬）	喷施500～800倍退菌特加200倍展着剂，或500倍百菌清，或800～1 000倍多菌灵	葡萄白腐病、黑痘病、白粉病、炭疽病、叶蝉类、介壳虫和螨类	重点防治果实病害
果实采收期 （8月至9月上中旬）	喷施常用的杀菌剂，如多菌灵、百菌清、退菌特等，交替使用	果实病害	
采收后 （9月下旬至10月）	剪除挂在树上或掉在地上的病果，清除病叶、杂草	各种越冬病虫	

鲜食葡萄等级标准见表8-4。

表8-4 鲜食葡萄等级标准

项目名称		等级		
		一等果	二等果	三等果
果穗基本要求		果穗完成、洁净、无异常气味 不落粒 无水罐 无干缩果 无腐烂 无小青粒 无非正常的外来水分 果梗、果蒂发育良好并健壮、新鲜、无伤害		
果粒基本要求		充分发育 充分成熟 果形端正、具有本品种固有特征		
果穗要求	果穗大小（千克）	0.4～0.8	0.3～0.4	<0.3或>0.8
	果粒着生紧密度	中等紧密	中等紧密	极紧密或稀疏
果粒要求	大小（克）	≥平均值的15%	≥平均值	<平均值
	着色	好	良好	较好
	果粉	完整	完整	基本完整
	果面缺陷	无	缺陷果粒≤2%	缺陷果粒≤5%
	二氧化硫伤害	无	受伤果粒≤2%	受伤果粒≤5%
	可溶性固形物含量	≥平均值的15%	≥平均值	<平均值
	风味	好	良好	较好

葡萄品种的平均果粒重量和可溶性固形物含量见表 8-5。

表 8-5　葡萄品种的平均果粒重量和可溶性固形物含量

品种	单粒重（克）	可溶性固形物含量（克/100 毫升）
巨峰	7	16

巨峰葡萄的着色度等级标准见表 8-6。

表 8-6　巨峰葡萄的着色度等级标准

着色程度	标　　准
好	每穗中至少有 75%以上的果粒呈现良好的特有色泽
良好	每穗中至少有 70%以上的果粒呈现良好的特有色泽
较好	每穗中至少有 60%以上的果粒呈现良好的特有色泽

三、葡萄产区存在的问题

1. 土壤有机质含量偏低　生产中存在的主要问题是有机肥施用量少，甚至不施。

2. 微量元素肥量施用量不足　尤其是铁、锰、硼、钼。多数果农思想上不重视，微肥施用量低，甚至不施。

3. 化用施用方法不当　化肥撒施现象相当普遍，肥料利用率低下。

4. 化肥用量不合理　偏施氮肥，且用量大，磷钾用量不合理，养分不均衡，降低了养分的有效性。

四、葡萄标准化生产的对策

1. 选择最适宜的栽培区域和良好的土壤条件　依巨峰葡萄品种特性，最适宜的栽培区应为海拔为 850～900 米，年降水量 700 毫米，无霜期 160 天以上，大于或等于 10℃以上的年有效积温 3 200℃以上，日照时数 2 300 小时以上。建园土质要求沙壤或中壤，有机质含量 1%以上，土壤 pH 为 7.5～8.5，有灌溉条件。

2. 栽前挖槽进行深翻改土　因葡萄是多年生植物，且是肉质根系，要求土壤通透性好，导热性强，有机质含量高。所以栽前必须按行距挖栽植沟，施入有机肥。具体要求：挖深宽各 60 厘米的沟，挖时将表土和心土分开两边堆放，回垫时最下层分 3 次垫 30 厘米秸秆，其中间垫混有表土的有机肥、磷肥和氮肥，然后踏实。上层集中行间表土混合腐熟的有机肥（每亩按 2 500～5 000 千克）、磷肥（50～100 千克），垫满植栽沟并高出地面 10～15 厘米。最后用心土做埂饱浇一水，待水分下渗后耙松，覆盖地膜，达到临栽标准（此项工作应在冬前进行）。

3. 采用良好的架形和适宜的密度　巨峰葡萄有幼树生长势偏弱，两年后转旺枝条顶端极性强，大量结果后趋向中庸健壮和抗病性差的特点。栽植宜采用小棚架，而不适篱架，应首选小棚架，其次是单臂水平“V”形架，要求株行距：棚架（4～6）米×（0.6～1）米，“V”形架 2.5 米×1 米。

4. 选用无病毒的健壮苗木 常见的病害主要有烟草、花叶、栓皮、茎豆、萎缩、斑纹、无味果病毒病。新建园首先应用无病毒或脱毒健壮苗木。一般硬枝苗要求地茎粗度 0.8～1 厘米，根系 4～6 条，长度 20 厘米，须根多且无劈裂、无病虫害。绿体苗要求高 10～15 厘米。有 3～4 片展平叶，叶色浓绿，生长粗壮，无病虫害，且营养钵不散，土团不干。

5. 按要求施肥浇水 栽后及时浇水保成活，合理追肥促生长，叶面喷肥补充营养，争取当年成形，第二年结果。

（1）结果树浇水时期：萌芽期（地面 20 厘米深处土温 12℃以上时）小水灌溉；新梢长至 10 厘米以上时大水灌溉；幼果膨大期即为葡萄的需水临界期，应及时灌足水；浆果着色前灌一次大水，维持到采收；采果后灌水；冬剪后灌一次透水。

（2）施肥：一是考虑产量，一般成龄园亩施优质粪肥 5 000 千克以上，才能生产 1 500千克以上优质果；二是化肥按生产 100 千克果，需要纯氮 1 千克，五氧化二磷 0.3～0.5 千克，氧化钾 1 千克的标准推算；三是考虑肥料的利用率，一般氮利用率 50%，磷利用率 30%，钾利用率 40%；四是施肥时期应以秋施基肥为主，适当掺些矿质元素，在生长季追肥 3～5 次。①萌芽前亩追 10～15 千克尿素；②幼果膨大期亩追 10～15 千克尿素，加 7.5 千克二铵和 10 千克硫酸钾；③浆果着色前亩追 7.5 千克二铵和 10 千克硫酸钾，另外结合喷药，叶面喷施氨基酸、天达 2116、稀土等液肥。总之，施肥与浇水结合进行，并注意及时中耕松土。

6. 搞好冬季修剪和夏季枝条管理 冬剪主要是促进树势健壮，调节生长和结果的关系，使枝条合理布局，调整结果部位，防止结果部位外移、下部枝条光秃等。对盛果期葡萄园亩产应控制在 1 000～1 500 千克，冬剪时把产量分布到每一株上，粗壮枝着生部位好的可留 2 穗果，中庸枝只留 1 穗果，弱枝不留果。枝条密时采取单枝更新的方法，枝条稀时采取双枝更新的方法，一般结果枝以短梢修剪为主，延长枝长梢修剪，培养枝组时中长梢修剪结合。结果枝组分布间距 20～25 厘米，新梢在架面上 10～15 厘米排列一个“V”形架，考虑到其他因素影响，可适当增加 30%留梢量。生长季及时抹芽、定梢、绑蔓、疏除卷须，结果枝坐果后及时打顶；营养枝按时摘心，促进枝条充实，芽眼饱满。培养结果枝组，延长枝进入 8 月中旬全部摘心，促进枝蔓成熟。对副梢要及时处理，果穗以下的全部抹除，其余副梢延长头留 4～6 片叶摘心外，其他均采取留 2 片叶反复摘心的办法。

7. 强化果穗管理 根据亩产确定单株留花序和留果多少，疏果穗和疏果粒是调整结果量的最后一道工序。疏花序在新梢上能明显分辨清花序多少、大小时及早进行，一般壮枝和中庸枝只留 1 穗，对所留花序应剪去基部 1～2 个大的分枝，掐掉 1/3～1/4 穗尖，然后根据花序大小间隔疏除（去一留二）一部分中部一级分枝和二级小分枝，并剪去少量一级分枝顶尖，使一个花序保留 6～8 个一级分枝。疏果粒在疏穗以后进入硬核期，能分辨果粒大小时进行，一般单穗留果 70 粒左右，单穗重要求 700～800 克，每亩留 2 000 穗左右，每株即 7～8 穗。留果可按圆锥形排列：即第一层 15～18 粒，第二层 12～14 粒，第三层 8～10 粒，第四层 4～8 粒，第五层 2～4 粒。最后整顺果穗，使其自然下垂，防止卡在枝杈或铁丝上摩擦。

8. 做好果实套袋　套袋可明显地改善果实外观品质，防止病虫害和有害气体污染，减少农药残留，改善果实风味，是生产无公害葡萄的一项重要技术。套袋一般在果实坐稳、整穗疏粒结束后立即进行，赶在雨季来临前结束，以防早期遭受病害的侵染和日烧。套袋前全园喷一遍杀菌剂，重点喷果穗。药液晾干后开始套袋。套袋前一天晚上将袋口蘸湿 1/3。套时袋要撑开，将果穗放至袋中央，防止果实贴袋，扎口尽量绑到穗柄根部，适当扎牢，以防刮风下滑。套后及时观察天气变化，遇到高温及时通开底部，降低袋内温度，尽量用周围枝叶遮果穗，防止直射光造成日烧。必要时叶面喷黄腐酸盐类减少叶面蒸腾。

9. 应用无公害农药，及时防治病虫害

（1）落叶后埋土前，结合冬剪要先清洁果园，将枯枝落叶集中烧毁。枝杆喷 3～5 度石硫合剂消灭越冬病虫。

（2）枝蔓出土后喷 30 倍晶体石硫合剂＋1 500 倍桃小灵。

（3）萌芽展叶期喷 800 倍喷克＋2 500 倍阿维菌素＋1 500 倍天达 2116。

（4）开花后喷 600 倍科博＋1 000 倍克螨灵＋800 倍高美施。

（5）坐果及膨大期喷 800 倍新太生＋3 000 倍功夫＋1 500 倍天达 2116。

（6）着色期交替使用喷克、乙磷铝、甲霜灵、霜脲锰锌等并加稀土促进着色。

（7）成熟期至采果后，喷进口甲托＋氨基酸叶面肥保护叶片。

10. 合理使用生长调节剂　当花穗 5 厘米左右时用“奇宝”拉长花序。花后 15～30 天后，用奇宝浸果或喷穗，促进坐果和果粒增大，成熟期及时喷稀土、促进着色和成熟，提早上市，抢占市场，提高效益。

第十节　耕地质量及苹果生产措施探讨

近年来，随着苹果产业在长治市郊区的推广，其已逐渐成为全区部分地区农民群众的主要收入来源，对提高农民群众的收入有积极的促进作用。为了进一步搞好苹果生产工作，提高全区的苹果产量和品质，结合这次耕地地力评价项目，对苹果的生产措施进行了探讨。

一、自然概况

长治市郊区苹果生产区主要分布在老顶山开发区、老顶山镇，种植面积为 1.08 万亩。该区属暖温带大陆性季风气候，光热资源丰富，雨量适中，昼夜温差较大，年日照时数 2 593.6 小时，气温为 7.0～10.2℃，昼夜温差较大，大于或等于 10℃ 的积温为 3 206.6℃，全年无霜期 156 天左右，年降水量 550～650 毫米。

二、现状及存在问题

1. 耕地土壤养分测定结果及评价

（1）大量元素及分析：此次耕地养分调查中苹果园地土壤采样 20 个，从养分测定结果看，长治市郊区果园土壤有机质平均含量为 17.49 克/千克，属省三级水平；全氮平均含量为 0.70 克/千克，属省四级水平，因此均属中等水平；速效钾平均含量为 159.25 毫克/千克，属省三级水平；有效磷为 13.59 毫克/千克，属省四级水平。

（2）微量元素含量及评价：长治市郊区苹果园地块此次微量元素取样 11 个。经化验分析，有效铜 1.39 毫克/千克，较丰富；有效锌、有效铁、有效锰、有效硼含量分别为 1.09 毫克/千克、9.26 毫克/千克、21.37 毫克/千克和 0.65 毫克/千克，均属一般偏低水平。全区果园土壤 pH 平均值为 8.14，偏碱。

2. 施肥管理水平 从果园施肥情况来看，土壤取样点调查的果园均施有机肥和化肥。就有机肥而言，施肥量普遍偏少，很难生产出优质果品。化肥的使用不管是施肥量上，还是氮磷钾配比上均缺乏科学性，盲目施肥。平均亩施有机肥 1 550 千克，纯 N 14 千克，P_2O_5 19.6 千克，K_2O 11.2 千克，见表 8-7。

表 8-7 长治市郊区苹果园施肥情况调查

编号	有机质（克/千克）	N（克/千克）	P_2O_5（毫克/千克）	K_2O（毫克/千克）
1	1 500	23	23	13
2	2 000	7.5	7.5	7.5
3	2 000	15	43	15
4	500	6.5	6.5	4
5	1 750	18	18	16.5
平均	1 550	14	19.6	11.2

3. 耕地质量检测及评价 苹果产区重金属含量砷含量为 5.56 毫克/千克，铅含量为 26.036 毫克/千克，铬含量为 74.69 毫克/千克，镉含量为 0.108 9 毫克/千克，汞含量为 0.068 6 毫克/千克，均符合我国土壤环境质量二级标准，见表 8-8。

表 8-8 郊区苹果产区土壤重金属含量统计表

单位：毫克/千克

地点	砷	铅	铬	镉	汞
苹果产区	5.56	26.036	74.69	0.108 9	0.068 6
标准值	≤20	≤50	≤250	≤0.4	≤0.35

三、基本对策和措施

对苹果生产中存在的各种问题需要通过标准化的生产管理进行解决，具体包括以下几个方面：

（一）无公害苹果的标准及生产技术操作规程

1. 环境质量标准

（1）大气监测标准：

一级标准。为保护自然生态和人群健康，在长期接触的情况下，不发生任何危害影响的空气质量要求，生产绿色食品和无公害果品的环境质量达到一级标准。

二级标准。为保护人群健康和城市、乡村的动植物，在长期和短期接触的情况下，不发生伤害的空气质量标准。

三级标准。为保护人群不发生急性中毒和城市一般动植物正常生长的空气质量标准。

（2）灌溉水标准：农田灌溉水质量标准，其主要指标是 5.5～8.5，总汞≤0.001 毫克/升、总镉≤0.005 毫克/升、总砷≤0.1 毫克/升、总铅≤0.1 毫克/升、铬≤0.1 毫克/升、氯化物≤250 毫克/升、氟化物 2 毫克/升（高氟区）、3 毫克/升（一般区）、氰化物≤0.5 毫克/升。

一级污染指数≤0.5 毫克/升未为污染，二级（0.5～1 毫克/升）尚清洁，三级≥1 毫克/升为污染（超出警戒水平），只有符合一级、二级标准的灌溉水才能生产无公害果品。

（3）土壤标准：一级污染综合指数≤0.7 为安全级；二级污染综合指数（0.7～1）为警戒级；土壤尚清洁，三级污染综合指数（1～2）为轻污染，土壤污染超过背景值，果树开始污染；四级污染综合指数（2～3）为中污染；五级污染综合指数（>3）为重污染；只有一级、二级土壤才能作为生产无公害果品的生产基地。

2. 生产技术标准

（1）农药使用标准：原则是优先使用低毒农药，有限使用中毒农药，严禁使用高毒高残留农药和“三致”农药（致癌、致畸、致突变）。

①禁止使用农药。有机砷类杀虫剂，福美砷；有机氯杀虫剂，六六六、滴滴涕（DDT）；三氯杀螨醇；有机磷杀虫剂，甲拌磷、乙拌磷、久效磷、甲基对硫磷、甲胺磷、甲基异硫磷、氯化乐果；氨基甲酸酯类杀虫剂，克百威、涕灭威、灭多威；二甲基脒类杀虫剂，杀螨剂、杀虫脒等。

②提倡使用的农药。微生物源杀虫、杀菌剂，如 Bt、白僵菌、阿维菌素、中生菌素、多氧霉素、农抗 120。

植物园杀虫剂：烟碱、苦参碱、除虫菊、鱼藤、茴蒿素、松脂合剂。

昆虫生长调节剂：灭幼脲、除虫脲、卡死克、扑虱灵。

矿物源杀菌剂：机油乳油、柴油乳油、腐必清、硫酸铜、硫黄分别配制的多种药剂。

低毒低残农药：吡虫啉、马拉硫磷、辛硫磷、敌百虫、甲脒、尼索朗、克螨特、螨死净、菌毒清、代森锰锌类、（喷克、大生 M-45）、新星、甲基托布津、多菌灵、扑海因、粉锈宁、甲霜灵、白菌清。

③有限制使用中等毒性农药。主要有乐斯苯、抗蚜威、敌敌畏、杀螟硫磷、灭扫利、功夫、歼灭、杀灭菊酯、高效氯氰菊酯。

注意：一是控制施用量，应在有效浓度范围内尽量用低浓度防治；二是喷药次数，要根据残效期和病虫发生程度来定，不要随意提高用药剂量、浓度和次数；三是在苹果采收前 20 天，禁止使用农药，以保证果品中无残留。

（2）肥料使用标准：

①允许使用的肥料种类。

a. 有机肥料：堆肥、圈肥、沤肥、沼气肥、饼肥、绿肥。

b. 腐植酸类肥料：泥炭、褐煤、风化煤。

c. 微生物肥料：根瘤菌、固氮菌、磷细菌、硅酸盐细菌、复合菌。

d. 有机复合肥。

e. 无机肥料：矿物钾肥、硫酸钾肥、矿物磷肥、钙镁磷肥、石灰石、粉状磷肥。

f. 叶面肥料：微量元素肥料、植物生长辅助物质肥料。

②限制使用的肥料。

氮肥：施用过多会使果实中亚硝酸盐积累并转化为致癌物质亚硝酸胺，同时还会使苹果果肉松散易发生苦豆病、水心病，过高会使果实腐烂。

标准：无机氮和有机氮的比例 1∶1 为宜（1 000 千克有机肥＋20 千克尿素）。苹果前 3 天停止追施无机肥。

③禁止使用的化肥、硝态氮肥。如：硝酸磷肥、硝铵等。另外，禁止使用城市垃圾、污泥和医院的粪便及含有害物质的工矿垃圾。

（二）无公害果品生产技术要求

1. 土壤改良

（1）深翻土地：要求活土层 80 厘米，土壤孔隙度含氧量 5%以上，有机质含量在 1%左右。

（2）中耕：生长季节降雨或灌水后要及时进行中耕松土，破除板结，清除杂草。

（3）覆草埋草：果园覆草要在春季施肥灌水后进行，麦秸、麦糠、玉米秸厚度要达到 10～20 厘米，上面压少量土，麦收后再加压一次，并补充草量。连覆草 3～4 年后，浅翻一次。追肥可扒开草层施入，亦可开沟埋草。

2. 施肥

（1）增施有机肥，推广生草制：对于结果树，优质有机肥作为基肥一般要求在 9 月上中旬施入果园，采用挖槽、深翻等形式，按照以产定肥的原则进行施肥，施肥量要达到“1 斤果 1.5～2 斤肥”标准。同时，实施免耕，采用覆草、行间种草等措施，增加土壤的有机质，以达到培肥地力的目的，适宜本区果园种植的草种有白三叶、百脉根、鸭茅草等。

（2）平衡施肥：进入盛果期的苹果树，所施入的化肥量应以产量而定，每产果 100 千克，需补充纯氮 550 克、纯磷 280 克、纯钾 550 克，施肥沟位置应在树冠外缘多向开挖，深度 20 厘米左右。

①施肥。盛果期苹果树施化肥应在花前施第一次，以氮肥为主；第二次追肥在春梢旺长和果实膨大期施入三元复合肥，并配以微量元素；第三次在 9 月上旬，以基肥为主，配合过磷酸钙和少量氮肥。施肥方法有放射状沟施肥法、环状施肥法和条沟施肥法。

②追肥。一年进行 3 次，第一次萌芽前后进行，以氮肥为主，以满足花期氮分供应，提高坐果率；第二次是花后进行，以氮磷肥为主，以减少生理落果，促进枝叶生长和花芽分化；第三次膨果期进行，以钾肥和复合肥为主，以增加养分积累，促进果实着色和成熟，提高果树越冬抗寒能力。

施肥量：尿素 10 千克/亩、磷酸二铵 20 千克/亩、磷酸钾 40 千克/亩。

③根外追肥。为了迅速补充树体养分，养活缺素症，促使树体正常生长结果。

时间，早晨和傍晚（2次间隔7天左右为宜）；喷施部位，叶背；常用肥料及浓度，尿素：早期0.2%～0.1%，中后期0.3%～0.5%；磷酸二氢钾：早期0.2%，后期：0.3%～0.4%；硼砂：发芽前1%，盛花期：0.1%～0.3%。

3. 灌水、排涝

（1）时间：一年进行3次，第一次前后到新梢生长期；第二次是幼果膨大期到果实产收前后；第三次是土壤封冻前。

（2）灌水量：渗透根系40～60厘米为准，达到田间最大持水量60%～70%。

（3）灌法：喷灌、滴灌、全园漫灌、地下管道节水灌溉。

（4）排涝：在生长期，雨季来临后，要注意开沟排水，防治园内长期积水。造成根系无氧呼吸，出现烂根死树现象。

4. 整修修剪指标

（1）覆盖率：指树投影面积与植株占地面积之比，果园覆盖标准为75%。

（2）枝量：果园一年生长、中、短枝的总和。适宜亩枝量10万～20万条，冬剪7万～9万条。

（3）枝条组成：指不同类型1年生枝条所占的比例要求：中短枝比例达到90%左右，其中一类短枝占总短枝数量的40%以上。优质花芽率占25%～30%。

（4）花芽留量：指1株花芽留量多少。要求，花芽分化率占总枝量的30%左右，冬剪后叶芽比以1：（3～4）为宜，每亩花芽留量1.2万～1.5万个，数量过多时可通过花前复剪和疏花、疏果来调整。

（5）树冠体积：指果树生长和结果的空间范围，一般稀植大冠果园1 200～1 500立方米/亩，密枝园1 000立方米/亩。

（6）新梢生长量：指树冠外生长量。成龄树要求达到35厘米左右，幼龄树要求达到50厘米左右。

5. 不同时期树龄的修剪原则

（1）初果期树：一是培养骨架，均衡树势，对一二级枝继续培养选留；二是上强下弱树或外围强的树，采取疏除直立旺枝和轻短截等方法，控制上部大型铺养枝；三是中心杆上部过强，可采取连续换头的方法；四是上弱下强，可采取抑强扶弱的修剪方法；五是骨干枝中部的铺养枝，可以用来培养结果枝组，修剪时应向两侧培养，背上枝改为侧生枝，防止背上大铺养枝影响通风透光。

（2）盛果期树：一是运用调光、调枝、调势的技术措施，对骨干枝生长势强的树，注意除直立枝、竞争枝或重短截，以减少外围枝量，打开光路；二是延长枝可进行缓势修剪，对外围枝头生长弱的可抬高枝头，减少先端花芽，不留枝头果，以恢复生长势；三是对中心杆要注意落头，改善光照，控制冠高，防止郁闭。

（3）衰老期树：要及时回缩外围枝，一般可回缩到2～4年生枝或徒长枝处。具体做法是去斜留直、去密留稀、去老留新、去外围留内堂，剪口下留壮芽，集中养分，复壮树势。

6. 枝组的培养

（1）培养小型结果枝组：一是利用平斜中短枝缓放，对直立中短枝扣芽破顶，促进成花；二是对细弱枝剪截，促进分枝，缓放成花，结果后再回缩，培养成小型结果枝。

（2）培养中型结果枝组：一是对发育健壮的长枝或徒长枝，先截后放，促进分枝，缓放后成花结果，连续分枝后即形成中型结果枝组；二是对平斜下垂枝轻剪，促生中短枝，成长结果后回缩形成中型结果枝组。

（3）培养大型结构枝组：对中庸枝或旺长枝短截，在选留延长枝并不断扩大的同时，促生中短枝，然后去强留弱，或去直留斜，对留下的中庸枝物弱枝再行，“先轻剪缓放成花，结果后回缩”，即培养成大型结果枝组。

7. 花果管理

（1）花期人工授粉或壁蜂授粉：利用人工采集铃铛花，取花药，在温室或温箱内加温20～25℃烘干取粉，放于瓶内，储藏在低温干燥处备用，待开花时用毛笔等工具进行“点授”中心花；每次可授5～10朵花，也可用壁蜂授粉昆虫进行授粉，80～100头/亩。具有省工、省时授粉效果好，不受气候影响等特点。

（2）花期喷肥：花期前后喷0.3%～0.4%的尿素溶液，花蕾期或花期喷0.1%～0.3%的硼砂溶液，均可显著提高坐果率。

（3）疏花疏果：

①疏花。花序分离后7天开始，疏果：于开花后10天开始，一个月内完成。

②以花定果。花序分离期，按20～25厘米留一个壮花序，对留下的花序只留中心花和一朵边花，其余全部疏去。

③以叶定果。一般按50片叶留一个果。

④以间距定果。按20～25厘米留一个，强壮枝多留，弱枝少留，内膛多留，外围少留或不留。

果实留量要适当，2 500千克/亩，留果量为12 500个；产2 500千克，留果量为10 000个；产1 500千克时，留果量为7 500个，红富士苹果留量可适当多一些，亩产1 500～2 500千克时可留10 000～13 000个苹果。

（4）套袋：疏果进行套袋，红富士选双层袋，谢花后40～50天开始套袋；元帅系选单层袋，金冠谢花后30天开始套袋。

采果前30天摘袋，先摘外层袋，经3个晴天后再摘内袋；单层袋要先撕开背阴面透风，经3个晴天后摘袋。摘袋时间最好是10：00～12：00和14：00～16：00，尽量避开12：00～14：00的高温，以免日光伤害，金冠等品种可连袋一同采摘。

注意套袋前喷一次杀菌剂并补钙。

（5）摘叶转果：摘袋后3～5天开始摘叶，新红星周围遮光叶片要摘除，红富士可将靠近果实的叶片摘除，一般摘叶不要过多，摘掉全树总量的20%～30%即可，转果时要用胶带牵引固定。

（6）铺反光膜：对果实着色和增加含糖量有明显效果，铺反光膜为果实着色期（采收前30～40天进行），主要铺在树冠内和树冠投影的外缘；铺反光膜不易拉得太紧，以免因气候降温反光膜冷缩而造成撕裂，影响反光效果和使用寿命。采收后将反光膜收起，洗净后待翌年在用。

8. 病虫害防治

（1）原则：一是预防为主，综合防治的植保方针；二是优选农业和生态调控措施，注意保护天敌；三是选用生物制剂和低毒低残留农药；四是改进施药技术，轮换用药，最大限度降低用药量。

（2）主要病害选用的农药：

腐烂病：腐必清 2～3 倍液、2%农抗 120 水剂 10～20 倍液、5%菌毒清 30～50 倍液，隔半个月再涂抹一次。

轮纹病：刮治病瘤后和腐烂病用药一样。

白粉病：发芽前喷 5 波美度石硫合剂，发芽后 0.3～0.5 波美度石硫合剂、15%粉锈宁 1 500 倍液、50%硫悬浮剂 200～400 倍液。

根腐病：用硫酸铜 100 倍液灌根、根据树龄不同，每株灌药 50～300 千克。

早期落叶病、轮纹病、炭疽病、霉心病谢花后 10 天开始喷药，以后 15～20 天再喷一次。

用药：1%的生菌素 300～400 倍液、福星 1 000 倍液、喷克大生 M-45、新万生、代森锰锌 1 000～1 500 倍液、菌毒清 200～300 倍液、70%甲基托布津 800～1 000 倍液、50%多菌灵 600～800 倍液。

（3）主要虫害选用的农药：

山楂叶螨：20%螨虫净 2 500 倍液、15%哒螨灵 3 000 倍液、5%尼索朗 2 000 倍液。

金纹细蛾：1%海正灭虫灵、阿维菌素 4 000～5 000 倍液、25%灭幼脲 3 号 1 500～2 000倍液。

桃小食心虫：地面用药，每亩用白僵菌 2 千克加 48%乐斯苯 0.15 千克，兑水 75 千克喷洒树盘，也可用 50%的辛硫磷或 48%乐斯苯 0.5 千克，兑水 75 千克喷洒树盘。树上用药，1.5%功夫、20%灭扫利 3 000 倍液、30%桃小灵 2 000 倍液、20%灭铃脲 8 000～10 000 倍液。

蚜虫：10%吡虫啉 5 000 倍液、0.3%苦参碱 800～1 000 倍液、50%抗蚜威 1 500～2 000倍液。

苹果棉蚜：40%蚜灭多 1 000～1 500 倍液、48%乐斯苯或 40%速扑杀 1 000～1 500 倍液。

金龟子：利用假死性捕捉、灯光糖醋液诱杀。

9. 适时采收　苹果采收因品种而定，金冠、红香蕉、元帅系品种生长期 130～150 天；红星 140～150 天；乔纳金 155～165 天；国光 160～165 天；红富士 170～180 天。标准是果实种子变黑褐色为准。

图书在版编目（CIP）数据

长治市郊区耕地地力评价与利用／范舍玲主编．—
北京：中国农业出版社，2017.8
ISBN 978-7-109-23184-9

Ⅰ.①长… Ⅱ.①范… Ⅲ.①耕作土壤－土壤肥力－
土壤调查－长治②耕作土壤－土壤评价－长治 Ⅳ.
①S159.225.3②S158

中国版本图书馆CIP数据核字（2017）第175341号

中国农业出版社出版
（北京市朝阳区麦子店街18号楼）
（邮政编码 100125）
责任编辑 杨桂华

中国农业出版社印刷厂印刷 新华书店北京发行所发行
2017年8月第1版 2017年8月北京第1次印刷

开本：787mm×1092mm 1/16 印张：9 插页：1
字数：230千字
定价：80.00元

长治市郊区耕地地力等级图

级别	生产性能综合指数	面积（万亩）	占总耕地面积（%）
Ⅰ	0.84~0.91	3.58	22.13
Ⅱ	0.77~0.84	7.21	44.55
Ⅲ	0.67~0.77	3.85	23.81
Ⅳ	0.53~0.67	1.54	9.51

山西省土壤肥料工作站监制
山西农业大学资源环境学院承制 二〇一一年十二月

1954年北京坐标系
1956年黄海高程系
高斯—克吕格投影

比例尺 1：250000

长治市郊区中低产田分布图

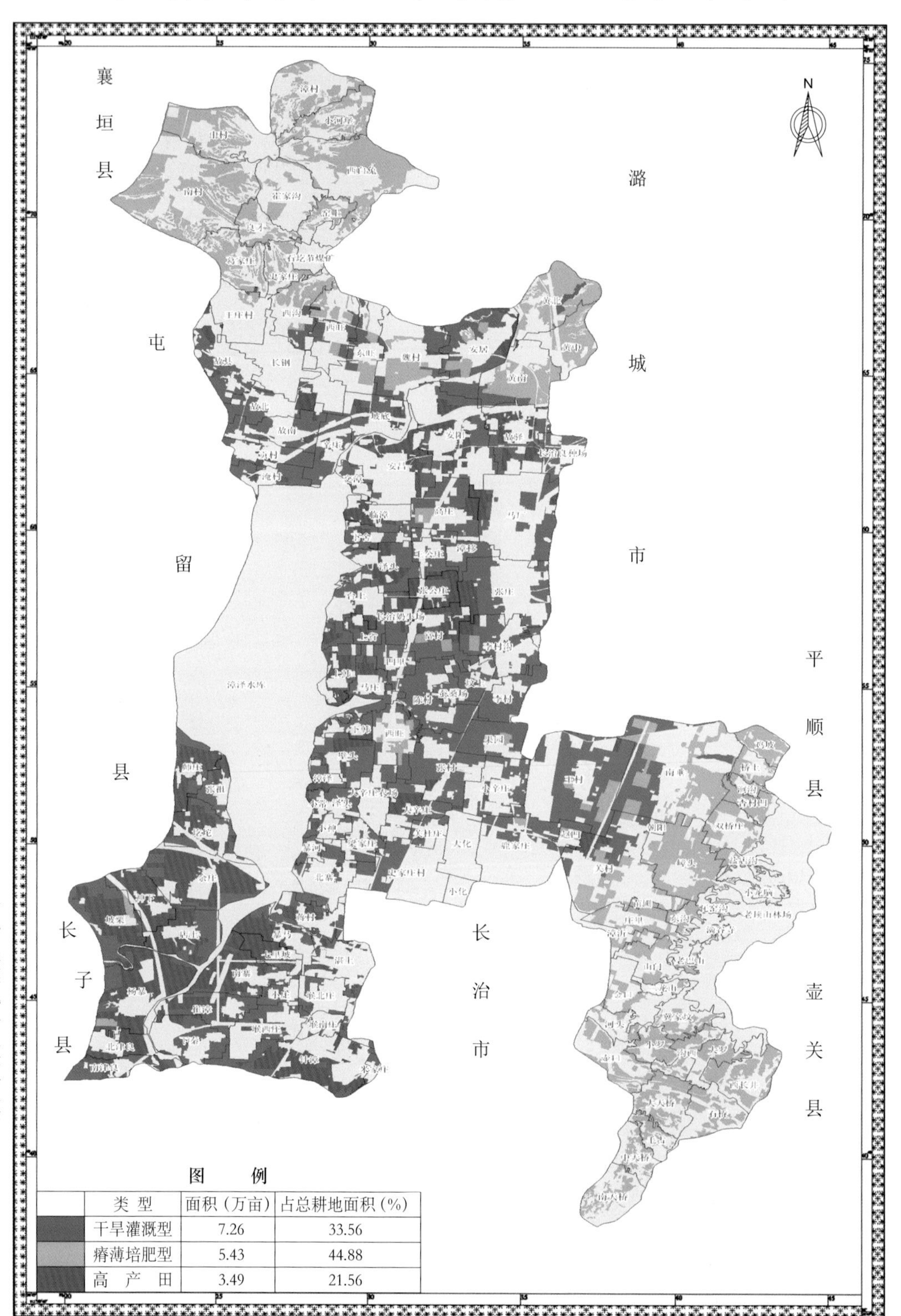

图　例

	类　型	面积（万亩）	占总耕地面积（%）
	干旱灌溉型	7.26	33.56
	瘠薄培肥型	5.43	44.88
	高　产　田	3.49	21.56

山西省土壤肥料工作站监制
山西农业大学资源环境学院承制　二〇一一年十二月

1954 年北京坐标系
1956 年黄海高程系
高斯—克吕格投影

比例尺　1 ：250 000